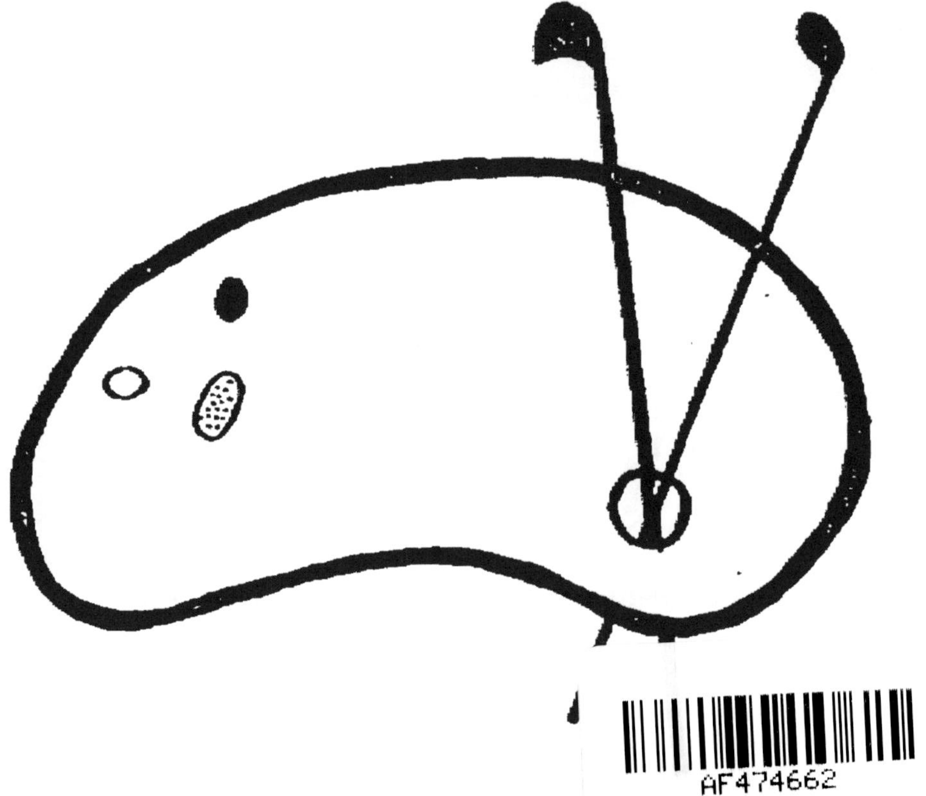

LE VOYAGEUR EN TOURAINE
THE TOURIST IN TOURAINE

TOURS

LUYNES, LANGEAIS, VILLANDRY, AZAY-LE-RIDEAU
CHENONCEAU
USSÉ, CHINON, LOCHES, AMBOISE

TOURS. — IMPRIMERIE E. ARRAULT ET Cie

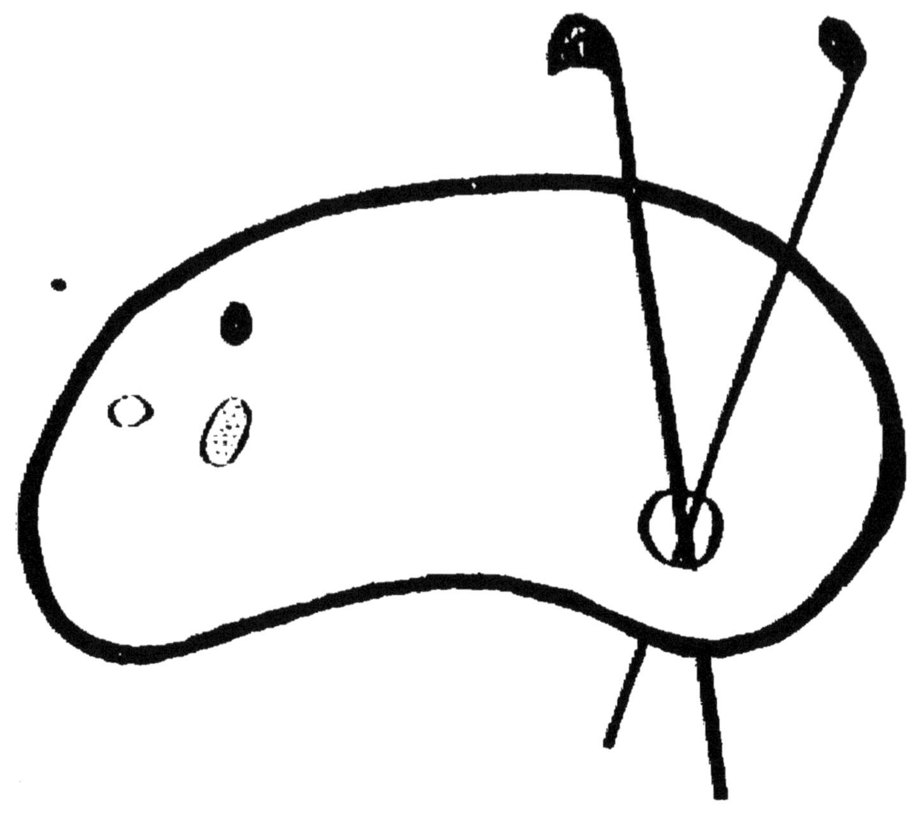

FIN D'UNE SÉRIE DE DOCUMENTS
EN COULEUR

LE VOYAGEUR EN TOURAINE

THE TOURIST IN TOURAINE

TOURS

Luynes, Largeais, Villandry
Azay-le-Rideau, Chinon, Ussé
Loches, Amboise, Chenonceau

1918

E. Brossard Scrip.

TABLE DES MATIÈRES

L'Auteur décline toute responsabilité pour les erreurs ou omissions qui auraient pu se glisser dans cet opuscule qui signale seulement *les curiosités les plus connues de* Tours *et du* département d'Indre-et-Loire.

Les annonceurs conservent rigoureusement la propriété de leur rédaction.

Publicité L. ROY, 2, rue de l'Alma, TOURS

Tours : general view.

TOURS

Chef-lieu du département d'Indre-et-Loire, ville de 73.398 habitants, Tours est située à 222 kilomètres de Paris. — Préfecture, siège du IXe corps d'armée, archevêché, 19e Conservation des eaux et forêts.

Chemins de fer : lignes de Tours à Paris par Orléans (238 kilom.) ; de Tours à Paris par Vendôme (248 kilom.) ; de Tours au Mans (99 kilom.) ; de Tours à Nantes vers Landerneau (Brest)

Tours is the chief town (chef-lieu) of the " Indre-et-Loire " department; a town of 73,398 inhabitants. The city is situated at 222 kilometres from Paris. — A Prefecture. — The seat of the IX Army Corps. — An Archbishopric. — The 19th Commissionership of Forests and Rivers.

Railways : Orleans lines : from Tours to Paris through Orleans (238 km.) ; from Tours to Paris through Vendôme (248 km.); from Tours to Le Mans (99 km.); from Tours to Nantes and

(532 kilom.) ou vers le Croisic (280 kilom.) ; de Tours à Bordeaux (343 kilom.) ; de Tours à Vierzon (112 kilom.) vers Bourges, Saincaize et Lyon ; de Tours à Châteauroux (119 kilom.) et Montluçon (224 kilom.) ; de Tours aux Sables-d'Olonne (251 kilom.) ; de Tours à Paris par Sargé (80 kilom.) et Chartres (252 kilom.) ; de Tours à La Rochelle par Thouars et Niort (366 kilom.), etc.

Tours est également un centre important de *routes* excellentes qui en font un point particulièrement propre aux excursions soit automobiles, soit cyclistes ou autres : route nationale n° 10 de Paris à Bayonne ; route nationale n° 76 de Nevers à Tours ; route n° 143 de Clermont-Ferrand à Tours ; route n° 152 de Briare à Angers (en suivant la levée de la Loire) ; route n° 158 de Tours au Mans et à Caen ; route n° 159 de Tours à Rennes, et, en outre, de nombreux chemins vicinaux de grande communication.

---

the Landerneau direction (Brest) (532 km.) or Le Croisic (280 km.); from Tours to Bordeaux (343 km.) ; from Tours to Vierzon (112 km.), Bourges and Lyon ; from Tours to Châteauroux and Montluçon (224 km.) ; — State's lines : from Tours to Les Sables-d'Olonne (251 km.); from Tours to Paris through Sargé (80 km.) and Chartres (252 km.); from Tours to La Rochelle through Thouars and Niort (336 kilom.) ; etc...

Tours is likewise a very important centre of excellent *roads* which contribute to render the town a special and very convenient resort for either motor-car or cycle trips or any other kind of excursions : High road or National road nr 10, from Paris to Bayonne ; National road nr 76, from Nevers to Tours ; Road nr 143, from Clermont-Ferrand to Tours ; Road nr 152, from Briare to Angers (along the embankment of the Loire) ; Road nr 159, from Tours to Rennes,... and besides, numerous cross roads, or as they are termed, " Grande communication " Roads.

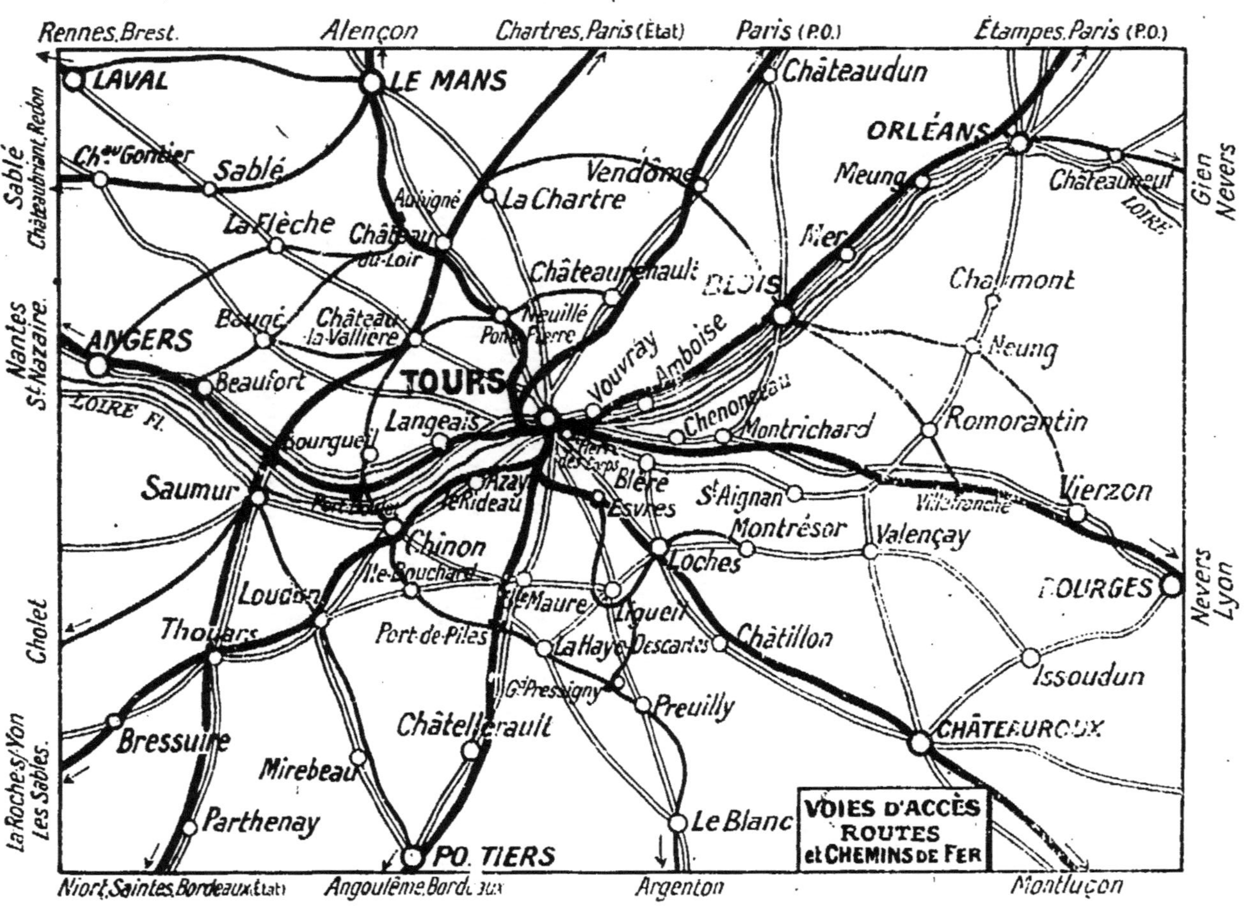
VOIES D'ACCÈS
ROUTES
et CHEMINS DE FER
Rennes, Brest.
Alençon
Chartres, Paris (État)
Paris (P.O.)
Étampes, Paris (P.O.)
Gien
Nevers
Nevers
Lyon
Montluçon
Argenton
Niort, Saintes, Bordeaux (État)
La Roche-s/-Yon
Les Sables.
Cholet
Nantes
St Nazaire.
Sablé
Châteaubriant, Redon
LAVAL
LE MANS
Châteaudun
ORLÉANS
Meung
Châteauneuf
LOIRE
Sablé
La Flèche
Aubigné
La Chartre
Vendôme
Châteaurenault
Charmont
Neung
Romorantin
Vierzon
ANGERS
Beaufort
Baugé
Château-la-Vallière
Neuillé
TOURS
Vouvray
Amboise
Chenonceau
Montrichard
LOIRE Fl.
Langeais
Saumur
Azay-le-Rideau
Bléré
Esvres
St Aignan
Villefranche
Chinon
Montrésor
Valençay
Loches
Ile-Bouchard
Ligueil
Loudun
Thouars
Port-de-Piles
La Haye-Descartes
Châtillon
Issoudun
Gd Pressigny
Preuilly
Bressuire
Châtellerault
Mirebeau
Parthenay
Le Blanc

A la gare, le voyageur trouve : les *omnibus particuliers* de la plupart des hôtels de la ville, les *omnibus de ville* (0 fr. 30 par personne, bagages en sus), les *voitures de place* (course : 1 fr. 50 le jour, 2 francs la nuit ; heure : 2 fr. 50 le jour, 3 fr. 50 la nuit), les *taxi-autos* (0 fr. 75 les 800 premiers mètres, 0 fr. 20 par 400 mètres supplémentaires), les *commissionnaires* (la course, 0 fr. 75 et 1 franc suivant la distance), les *tramways urbains* (0 fr. 10) et *suburbains* (Tours-Saint-Avertin-Larçay-Véretz-Azay, Tours-Rochecorbon-Vouvray, Tours-Saint-Cyr-Fondettes, Tours-Saint-Cyr-Luynes).

Par sa situation topographique autant que par sa configuration générale, Tours est une des villes qui, pour la visite de ses curiosités, présentent au touriste les plus grandes facilités.

Au nord, la Loire qui coule de l'est vers l'ouest et les côteaux bordant sa rive septentrionale limitent la cité.

At *the station*, the traveller will find *private omnibuses* belonging to most hotels in the city, and *omnibuses from the town* (0 fr. 30 per person, luggage not included), *cabs* (a drive : 1 fr. 50 during day time ; 2 francs, during night ; by the hour, 2 fr. 50 during the day, 3 fr. 50 at night), *taxi-autos* (0 fr. 75 for the first 800 metres ; 0 fr. 20 for each supplementary 400 metres) ; *porters* (errand, 0 fr. 75 or 1 franc, according to the distance) ; *cars through the city* (0 fr. 15 with " correspondence ") and *suburban cars* (Tours-Saint-Avertin-Larçay-Véretz-Azay ; — Tours-Rochecorbon-Vouvray ; — Tours-Saint-Cyr-Fondettes ; — Tours-Saint-Cyr-Luynes).

Owing to its topographic situation and general configuration, Tours is a town which affords the most convenient means of visiting its curiosities.

On the north, the Loire flows from East to West, and the slopes bordering its northern bank, limit the city.

Dans la plaine qui s'étale largement au midi du fleuve, la ville s'est agrandie progressivement jusqu'aux bords mêmes du Cher.

Le pont de pierre, la rue Nationale et l'avenue de Grammont, qui en est le prolongement naturel, partagent Tours en deux grands quartiers : est et ouest. Perpendiculairement à ces grandes artères, le boulevard Heurteloup et le boulevard Béranger fixent les limites des anciennes cités; au delà s'étend la ville nouvelle née au cours du XIXe siècle.

De nombreuses rues partent de ces voies principales qui sont pour le voyageur autant de points de repère remarquables.

Le voyageur trouvera dans tous les hôtels les renseignements nécessaires pour lui faciliter utilement la visite de la ville.

En outre, une société s'est constituée, le *Syndicat d'Initiative*

In the plain which widely spreads South of the river, the town has extended to the very bank of the Cher.

The stone bridge, the " rue Nationale " and the " avenue de Grammont ", which is its natural extension, divide Tours into two large sections, East and West. Perpendicularly to these main arteries, the " Boulevard Heurteloup " and the " Boulevard Béranger " mark the limits of the old city ; beyond this limit the new city which was erected during the XIX century reaches the slopes bordering the town South.

Numerous streets run from these principal thoroughfares which may be used as very valuable guiding marks.

Travellers will find in all hotels any useful information they may require in order to make their visit of the town interesting.

A society has been formed, called the *Syndicat d'Initiative*

de la Touraine (boulevard Heurteloup, n° 10, et rue Marignan, n° 17), qui a établi un bureau de renseignements gratuits pour tous les étrangers.

L'*Agence Lubin* a installé à Tours une succursale (boulevard Béranger, n° 8), qui s'occupe activement, de concert avec la Société d'Automobiles de Touraine, de l'organisation d'excursions et de visites hebdomadaires aux châteaux et aux centres les plus intéressants de la contrée.

Le *Touring-Club* a un délégué à Tours : M. A. Mame, 14, rue des Halles.

Enfin, l'*Automobile-Club de l'Ouest*, dont le siège social est au Mans, a créé à Tours (rue Victor-Hugo, n° 4) une section au bureau de laquelle tous les automobilistes pourront s'adresser, pour les renseignements qui leur seraient nécessaires.

---

de la Touraine (The Touraine Initiative Syndicate), boulevard Heurteloup, 10, and rue Marignan, 17 ; this society has established a free information bureau for foreigners.

At Tours the *Lubin Agency* has a branch office (boulevard Béranger, 8) which is actively engaged in the organisation, jointly with the Society of Touraine auto-cars, of excursions and weekly visits to the " Châteaux " of the region as well as to its most interesting sites.

The *Touring Club* has a delegate in Tours, Mr. A. Mame, 14 rue des Halles.

Last, the *Western Automobile Club*, the seat of which is at Le Mans, has created a special branch where automobilists can apply for any information they require.

HISTORIQUE DE LA VILLE

Tours est d'origine aussi ancienne qu'incertaine : les *Turones*, une des peuplades les plus importantes de l'ancienne Gaule, en furent, dit la légende, les fondateurs à une époque restée inconnue; la cité était bâtie sur les côteaux qui, vers le nord, bordent le lit du fleuve et s'appelait *Allionos*.

Lorsque Jules César envahit la Gaule (58 av. J.-C.), les *Turones* se portèrent au secours de Vercingétorix. Le chef arverne vaincu à Alésia dut subir les lois du vainqueur, et avec lui tous ses défenseurs. La cité des *Turones* détruite fut rebâtie, sous le nom de *Cæsarodunum*, sur les

---

History of the City

The origin of Tours is as ancient as it is uncertain. The *Turones*, one of the most important tribes of ancient Gaul, were, according to the legend, the creators of the city at a time still unknown. Built on the slopes bordering the bed of the river to the North, this city was called *Allionos*.

When Julius Cæsar invaded Gaul (58 before Christ) the *Turones* gave their help to Vercingetorix. The Arverne Chief, after the defeat of Alesia, was constrained to suffer the conqueror's sway and the same fate was inflicted to his upholders. The city of the *Turones* was destroyed and built up again under the name of *Cæsarodunum*. It was

rives du fleuve, près de l'emplacement actuel de la Cathédrale.

Au IVe siècle, *Cæsarodunum* est devenu, grâce à son importance, la capitale de l'une des divisions territoriales de la Gaule. Le christianisme y a été prêché depuis près d'un siècle par saint Gatien, et l'un de ses successeurs saint Martin a été enseveli (397) à quelque distance des remparts.

Au Ve siècle, les Wisigoths font la conquête de *Cæsarodunum*, qu'ils occupent jusqu'à la bataille de Vouillé (507) où leur chef est défait par Clovis; celui-ci devient le maître de tout le pays au sud de la Loire.

Sous les successeurs de Clovis, *Cæsarodunum*, auquel a été restitué le nom de *Turones*, est devenu, grâce à l'administration de ses évêques et de ses ducs ou comtes, une

---

situated on the Southern bank of the river, near the site of the Cathedral.

During the fourth century, *Cæsarodunum* became as a consequence of its increasing progress, the capital of one of the territorial division of Gaul; Christianity had been preached for about a century by Saint Gatien and one of his successors, Saint Martin, who is buried (397) near the ramparts.

In the fifth century, the Visigoths made the conquest of *Cæsarodunum* which they occupied till the battle of Vouillé (507) in which their chief was defeated by Clovis, who became the ruler of the whole country South of the Loire.

Under the successors of Clovis, *Cæsarodunum* to which had been restored its name of *Turones*, became owing to

cité fort importante; à ses côtés s'est élevée, autour du tombeau de saint Martin, une ville nouvelle, *Martinopolis*, dont la prospérité est déjà remarquable.

Au VIIIe siècle, ces richesses excitent les convoitises des Arabes, dont Charles Martel arrête la marche victorieuse (732); puis, au IXe et au Xe siècle, un nouvel ennemi surgit, les Normands, que la mort de Charlemagne (814) a enhardis.

Pour se protéger contre de nouvelles incursions, les chanoines de Saint-Martin élèvent autour de Martinopole une enceinte redoutable que flanquent de nombreuses tours de défense; plus tard, la forteresse nouvelle reçoit le nom de *Châteauneuf*.

Au Xe siècle (941), Thibault, comte de Blois, rend la Touraine indépendante du pouvoir royal; mais, vers 975,

---

the rule of its bishops, dukes or counts, a very important city; near it there was raised, around the grave of Saint Martin, a new city, *Martinopolis*, the prosperity of which was very noticeable.

As far back as the VIII century, the riches of the country would excite the covetousness of the Arabs, but their victorious advance was stopped by Charles Martel (732). Then, in the course of the IX and X centuries, new foes came, the Northmen, made bold by Charlemagne's death (814).

In order to protect themselves against new incursions, the canons of Saint Martin raised powerful walls around Martinopolis, protected and flanked by numerous defensive towers. Later on, the new fortress was called *Châteauneuf*.

In the course of the X century (948), Thibault, a count

une lutte sanglante s'engage entre le fils de Thibault et Foulques Nerra, comte d'Anjou. En 1044, le comté de Tours tombe définitivement aux mains des comtes d'Anjou, et, en 1154, avec Henri Plantagenet devenu roi d'Angleterre, passe sous la domination anglaise.

En 1204, Philippe-Auguste confisque sur Jean sans Terre toutes les possessions anglaises en France; en vertu du traité signé en 1258 par saint Louis et Henri III d'Angleterre, la Touraine revient définitivement à la France. Cette province est alors constituée en apanage à divers princes de la Maison royale jusqu'en 1584, sous Henri III, qui la réunit au domaine royal.

En 1308, Philippe le Bel réunit à Tours les États généraux devant lesquels l'affaire des Templiers est évoquée;

---

of Blois, made Touraine quite independent from the Royal Power, but, towards 975, a bloody strife took place between Thibault's son and Foulques Nerra, a count of Anjou.

In 1044, the county of Tours became the possession of the counts of Anjou, and, in 1154, Henry Plantagenet having been proclaimed King of England, it passed entirely under the English rule.

In 1204, Philippe-Auguste confiscated John Lackland's possessions in France. In pursuance of the treaty agreed to by Saint Louis and Henri III of England (1258), Touraine was definitely restored to France. This province was delivered up as an appanage to several princes of the Royal family till 1584, at which time it was added to the domains of the Crown by Henry III.

In 1308, Philippe le Bel assembled the *États généraux* at Tours, before which the Templars' case was brought.

puis, en 1365, au début de la guerre de Cent Ans, Jean le Bon autorise la réunion de l'antique *Cæsarodunum* et de Martinopole ou Châteauneuf, qu'une enceinte nouvelle met à l'abri des ravages ennemis.

A la mort de Charles VI (1422), le roi Charles VII, celui que les Anglais appelèrent par dérision le « roi de Bourges », vient se fixer en Touraine; à Chinon, en 1429, il reçoit Jeanne d'Arc. Son royaume reconquis, Charles VII demeure par goût dans la province qui fut quelque temps presque tout son empire.

Les successeurs de Charles VII imitent son exemple : Louis XI, sous lequel la ville de Tours obtient une municipalité (1462), se fixe, en 1463, au château de Plessis-les-Tours, où il meurt en 1483. Sous la régence d'Anne de

---

Later on, in 1365, at the outset of the Hundred Years War, Jean le Bon authorized the union of ancient *Cæsarodunum* and Châteauneuf around which new defences and walls were erected to protect the city against the ravages of enemies.

When Charles VI died (1422), King Charles VII, he whom the English would call " The King of Bourges ", out of mockery, established himself in Touraine, at Chinon (1429), where he received Joan of Arc. His Kingdom having been won back, he sojourned, by inclination, in the same province which had once formed all his empire.

Charles VII's successors did the same. Louis XI, who granted Tours a municipality, established his residence at the castle of Plessis-les-Tours (1463) where he died in 1483. Under the Regency of " Anne de Beaujeu ", the *États généraux* assembled at Plessis in 1484. Charles VIII who married Anne, duchess of Brittany, at the castle of

Beaujeu, les États généraux se réunissent au Plessis en 1484. Charles VIII, qui épouse Anne, duchesse en Bretagne, au château de Langeais, vit quelques années au Plessis, avant de se fixer à Amboise. Louis XII et François Ier visitent volontiers les châteaux des bords de la Loire, où ils font de nombreux séjours.

La Touraine est alors un centre artistique remarquable : peintres, sculpteurs, architectes, orfèvres, tapissiers rivalisent de zèle et de goût. Chambord, Chenonceau, Azay, Ussé attestent le talent des maîtres.

Malheureusement le départ de la Cour, puis les guerres de religion portent un coup fatal à cette merveilleuse prospérité. La conjuration d'Amboise (en 1560) fut le prélude du drame qui ensanglante notre contrée.

En 1588, Henri III s'installe à Tours, où il préside, le

Langeais, remained for a few years at Plessis before taking up his abode at Amboise. Louis XII and François I visited with renewed pleasure the castles situated on the banks of the Loire and frequently repeated their sojourns in the province.

At that time, Touraine had become a wonderful center for artists, painters, sculptors, architects, jewellers and upholsterers, who vied with one another for talent and good taste. Chambord, Chenonceau, Azay, Ussé, bear witness to the perfect excellency of their art.

Unfortunately, the departure of the Court and the religion wars afterwards, dealt a heavy blow to this wonderful prosperity. The conspiracy of Amboise (1560) was the prelude to the tragic events which stained our country with blood,

23 mars 1589, les États généraux; puis, au château du Plessis il conclut alliance avec le roi de Navarre, le futur Henri IV.

Tours retrouve alors quelque tranquillité.

Sous l'impulsion du Béarnais s'élèvent de nouvelles manufactures de soieries qui attirent à Tours une population industrieuse fort élevée. Richelieu encourage ces efforts, dont la Révocation de l'édit de Nantes, en 1685, vient brutalement ruiner les espérances.

Le rôle industriel et artistique de la Touraine est alors terminé, de même que son rôle politique; un siècle plus tard, la Constituante fait un simple chef-lieu de département de la ville à laquelle la présence des rois avait permis un moment de se croire l'égale de la capitale.

En 1870, le gouvernement de la Défense nationale vint

In 1583, Henry III took up his residence at Tours where he assembled the States General on the twentythird of March, 1589; he then signed an alliance with the king of Navarre, afterwards Henry the Fourth.

Under this alliance Tours recovered some rest and quietness. Under the impulse of the *Béarnais*, new silk manufactures were created, and attracted to Tours a large number of skilled hands. Richelieu stimulated and encouraged these endeavours which proved fruitless after the brutal revocation of the Edict of Nantes, which put an end to the art and political part Touraine was beginning to perform.

A century later the *Constituante* made of Tours a mere "chef-lieu de département"; which was a heavy blow to the city which had so long been the residence of

fixer sa résidence à Tours. Obligé de se retirer devant l'invasion, le gouvernement se rendit à Bordeaux, pendant que les Allemands envahissaient notre malheureuse cité.

Au cours du XIXe siècle, Tours n'a cessé de se développer : son territoire s'est agrandi de celui des anciennes communes de Saint-Étienne, de Saint-Sauveur et d'une partie de celle de Saint-Symphorien. Sa population, de 20.000 habitants environ en 1800, atteint aujourd'hui tout près de 74.000 âmes. Enfin des municipalités prévoyantes n'ont cessé d'embellir la ville, de défendre jalousement les intérêts qui leur étaient confiés et de veiller à la prospérité et au bien-être des habitants.

---

kings and which indulged in the hope of being an equal of the Capital.

In 1870, the Government of the National Defence settled at Tours; as they were constrained to escape from the invasion they retired to Bordeaux, while the Germans invaded the city.

In the course of the nineteenth century Tours never ceased increasing. Its territory was enlarged by the junction of the Commune Saint-Étienne, Saint-Sauveur, and a part of Saint-Symphorien. Its population which amounted in 1800 to 20,000 inhabitants, was raised to about 74,000. To conclude, prudent and wise municipalities never ceased to adorn and embellish the city, as well as to take most resolutely the defence of the interests which were hoisted to their zeal, and to attend to the prosperity and wellfare of the inhabitants.

VISITE DE LA VILLE

La ***Gare***, commune aux réseaux de l'Orléans et de l'État, a été inaugurée en 1898; construite d'après les plans de M. Laloux, architecte, grand-prix de Rome, elle présente en façade deux immenses baies flanquées de pylônes que surmontent les statues allégoriques de Limoges, Nantes, Bordeaux et Toulouse.

A l'extrémité du *boulevard Heurteloup*, qui borde au

A trip through the town

The ***Station***, common to the system of railroads belonging to the Orléans Company and to the State, was opened in 1898. It was built according to the plans of Mr. Laloux, an architect (Rome Great Prize) and affords in front two wide bays flanked with two pylons, topped by the allegorical statues of Limoges, Nantes, Bordeaux and Toulouse.

At the end of the *Boulevard Heurteloup*, which borders the *place de la Gare* on the north, stands the ***Town Hall***

nord la *place de la Gare*, s'élève l'**Hôtel de Ville** (2) (p. 19) (*). Inauguré en 1904, cet édifice remarquable est l'œuvre de l'architecte tourangeau M. Laloux. La façade principale, qui donne sur la place du Palais-de-Justice, est d'un style grandiose et d'une ornementation admirable. — Balcon monumental soutenu par quatre Atlantes (œuvre de M. Sicard) surnommés, non sans ironie, les « quatre contribuables ». Au fronton est, *l'Éducation* et *la Vigilance* (M. Cordonnier); au fronton ouest, *la Force* et *le*

(*Hôtel de ville*) (2) (p. 19) (**) which was inaugurated in 1904. This magnificent building was erected from plans of a Tourangeau architect, Mr. Laloux. The principal front (which looks on the place du Palais-de-Justice) is of an imposing style and splendidly adorned with a monumental balcony supported by four caryatids (by Mr. Sicard) which are rather ironically nicknamed the four "Tax payers" (***). On the Eastern pediment *l'Éducation* and *la Vigilance;* on the West side *la Force* (Strength) and *le Courage* (Courage). The two first are the work of Mr. Cordonnier, the last of Mr. Hugues. Around the clock are the

(*) Les chiffrés placés entre parenthèses dans le texte renvoient : le premier, aux numéros portés sur les plans-cartes; le second, à la page où se trouve imprimé le plan-carte référencé.

Les plans-cartes sont orientés le nord en haut.

(**) The references placed between the parenthesis in the foregoing text : the first reference note: the numbers printed on the maps; the second, the page where one will find the maps referred to.

For directions, North is at the top of the maps.

(***) The four taxes in France are : 1st the land-tax; 2nd personal property-tax; 3rd doors and windows tax; 4th tradesmen license tax.

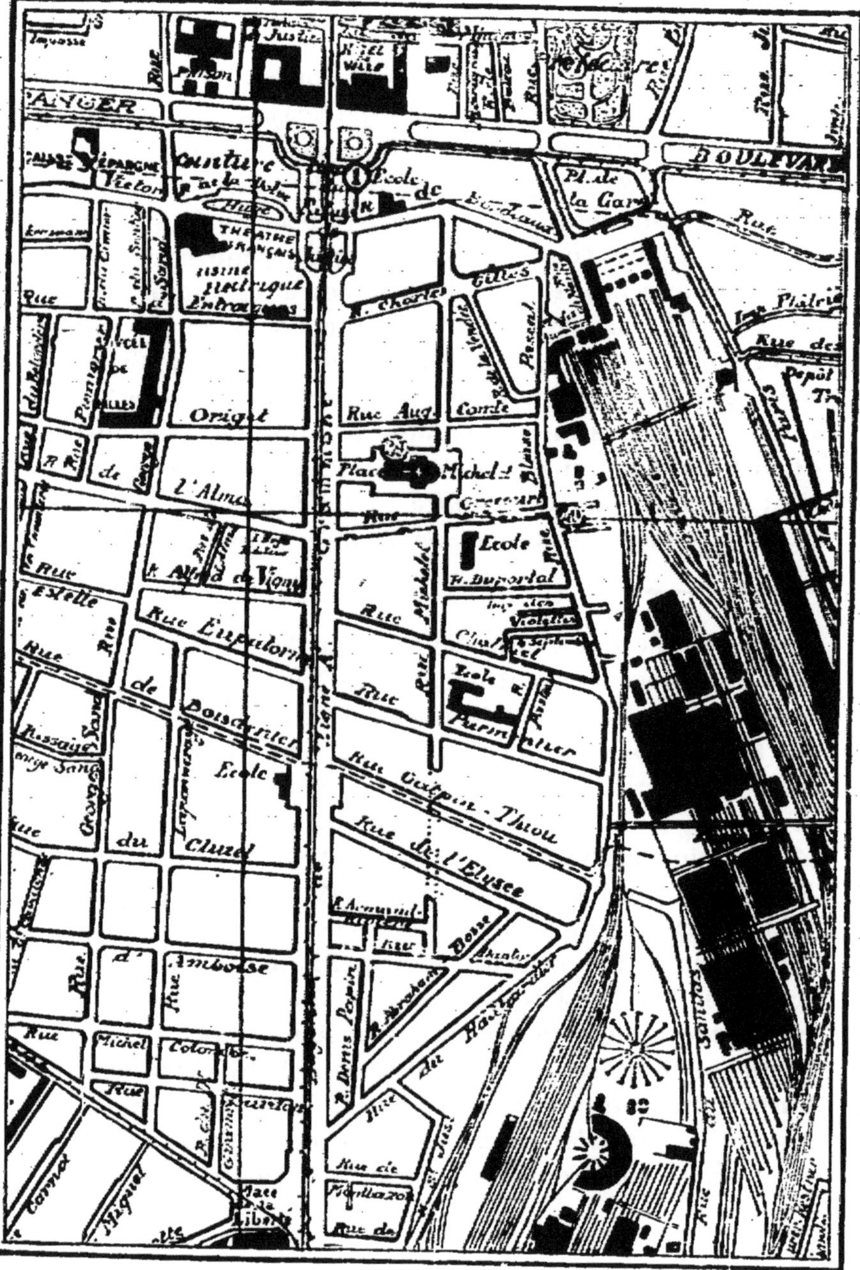
BOULEVARD
Pl. de la Gare
Rue de Bordeaux
Ecole
Prison
Hôtel de Ville
Théâtre Français
Caisse d'Épargne
Rue Origet
Rue Aug. Comte
Place Michelet
Rue de l'Alma
Ecole
R. Duportal
Rue Eupatoria
Rue de Boisdenier
Ecole
Rue Parmentier
Rue Galpin-Thiou
Rue de l'Elysée
Rue du Cluzel
Rue d'Amboise
Rue Michel Colombe
R. Denis Papin
Rue Étienne Pallu
Rue des Sanitas
Rue Blanqui
Rue Pasteur
R. Charles Gilles
Rue Pimbert
Passage George Sand
Rue George Sand
Rue Marceau

Courage (M. Hugues); autour de l'Horloge, statues couchées de *la Loire* et *du Cher* (M. Injalbert). — A l'intérieur (entrée : rue Nationale), un vestibule d'excellent effet (avec statues de *Briçonnel*, premier maire de Tours; *Paul-Louis Courier*, pamphlétaire tourangeau; *Boucicaut*, maréchal de France, né à Tours; *Jehan Foucquet*, peintre miniaturiste tourangeau) donne accès à l'escalier monumental qui conduit à la galerie sur laquelle s'ouvrent les salles principales : en face, salle des Fêtes (plafond de Schommer : grandes fêtes de la Renaissance, châteaux de Touraine; cheminées monumentales de Varenne, avec bustes de *la République* et de *la Touraine;* panneaux de Anquetin : *Rabelais, Descartes, Balzac, Alfred de Vigny;* soieries exécutées dans les ateliers de Tours); à droite, salle des

---

statues of the *Loire* and the *Cher*, by Mr. Injalbert. Inside the edifice (the entrance is on National Street) is a lobby of grand style which adorns the statues of *Briçonnel*, the first Mayor of Tours; *Paul Louis Courier*, a "Tourangeau" humorist and a pamphleteer; *Boucicaut*, a marshal of France, born at Tours, and who died in England (1424) after having been taken prisoner at Azincourt; and *Jehan Foucquel*, a miniature painter (1415-1480). From this lobby starts the monumental staircase which leads to the Gallery on which open the principal halls; in front of the staircase : the Feast Hall (Salle des Fêtes) (the ceiling has been adorned by Schommer, Great Renaissance Festivals, Castles of Touraine, monumental mantels by Varenne with busts representing the *Republic* and *Touraine;* panels by Anquetin : *Rabelais, Descartes, Balzac, Alfred de Vigny;* silks from the Tours factories); on the right is the

Mariages (tryptique *la Touraine couronnant ses enfants, la Céramique, l'Imprimerie*, œuvres de MM. Cormon et Thirion) et cabinet du Maire (*la Loire* de Le Liepvre); à gauche, salle du Conseil municipal (tryptique retraçant divers épisodes de la *vie de Jeanne d'Arc*, œuvre de J.-P. Laurens), salle des Commissions (œuvres de A. Thomas et de H. Martin), cabinets des Adjoints.

Avec une autorisation spéciale, le visiteur peut faire l'ascension du belvédère (60 mètres), d'où il admire le panorama de Tours et de ses environs.

De l'autre côté de la rue Nationale, le ***Palais de Justice*** (2) (p. 23), construit en 1840, offre une façade monumentale d'ordre dorique; sur une vaste et belle salle des

---

" Wedding Hall " (Salle des Mariages), with a triptych representing *Touraine crowning its children, Ceramic, Printing* which are by Mssrs. Cormon and Thirion; the Mayor's office with a painting : *The Loire* by Le Liepvre; on the left side the municipal Council's Hall (with a triptych illustrating some episodes of *Joan of Arc's* life, a painting by J. P. Laurens); a Committee Hall (by A. Thomas and H. Martin), and the deputy mayor's offices.

Visitors may, with special leave, go up the Belvidere (60 mètres) from which they can see the whole of the city and suburbs.

On the other side of National Street, the ***Law Courts*** (2) (p. 23) (*Palais de Justice*), erected in 1840, with a front which is in the Doric style. On a wide and beautiful outer hall there opens the Court of Assize-hall, the Civil

Pas-Perdus s'ouvrent la Cour d'assises, le Tribunal civil, la Justice de paix et les galeries donnant accès aux divers services.

La **rue Nationale**, une des voies les plus actives et les plus commerçantes de la ville, fut ouverte en 1786, lors de la construction du pont de pierre auquel elle aboutit, par la *place des Arts* (plan-carte, p. 23).

Deux monuments sollicitent, sur cette place, l'attention du voyageur :

A l'ouest, la ***Bibliothèque*** (ancien Hôtel de Ville) (au-dessus de 18) (p. 23), dont la construction fut terminée en 1786, d'après les plans de M. de Limay. Très riche et constituée des manuscrits ayant appartenu à la Cathédrale Saint-Gatien, à la Collégiale Saint-Martin, à l'abbaye de

---

Tribunal, the Justice of the Peace Hall and Galleries giving access to the different services.

National Street, one of the most busy thoroughfares in the city, was opened in 1786, when the stone bridge was built, and leads through to the *place des Arts* (maps, p. 23).

On this place, two buildings deserve special notice. On the West side the ***Library*** (upstairs 18) (p. 23) (formerly, the Town Hall) which was completed in 1786 from the plans of Mr. de Limay. This library is very rich, as it was enriched with the Mss. formerly possessed by Saint Gatien's Cathedral, Saint Martin's Collegiate, Marmoutier Abbey, etc. It includes more than

45

29

La Bretèche
Briare
Place Choiseul
Rue à Angers
Tours
ILE
LOIRE
St. Rabelais
St. Descartes
Place des Arts
Cirque
Bibliothèque
Rue Richelieu
Halles
Rue Emile Zola
Préfecture
Temple Protestant
Rue de la Préfecture
Rue Gambetta
Postes et Télégraphes
Rue E. Pallu
Palais de Justice
Prison
Lycée Descartes
Hôtel du Gd Commandt
Hôtel de Ville
Rue Bernard Palissy
Rue Jules Simon
Oratoire
TRIB. de COMM.
Rue de la Scellerie
Rue Colbert
Clocheville

Marmoutier, etc..., elle comprend plus de 2.000 manuscrits, 450 incunables et 160.000 volumes imprimés.

Une mention spéciale est due aux œuvres les plus précieuses : N° 22, *Évangéliaire* de Charlemagne (VIII° siècle), en onciales d'or, sur lequel les rois de France prêtaient serment comme chanoines et abbés honoraires de Saint-Martin ; — N° 23, *Évangéliaire* de Charles le Chauve (IX° siècle) ; — N° 184, *Sacramentaire* du pape Grégoire le Grand (X° siècle) ; — N° 185, *Missel* de l'Église de Tours (XIII° siècle) ; — N°s 217 et 218, *Livres d'Heures* (XV° siècle) provenant de la Chartreuse du Liget ; — N° 219, *Heures* de Saint-Florentin d'Amboise (XVI° siècle), délicieusement enluminées par Jean Viau, peintre verrier ; — N° 984, *Tite-Live* (XV° siècle) ; — puis un *Térence* (XII° siècle), avec les personnages de chaque pièce ; un *Ovide* (XIII° siècle) ; une *Vie de saint Martin* (XI° siècle) ; un *Nouveau Testament* (XIV° siècle). — Au nombre

---

2,000 Mss, 450 incunabula and 160,000 printed volumes.

Special mention is due to the most valuable works : N° 22, the *Évangeliary* of Charlemagne (VIII century), with a golden uncial, on which the Kings of France took the oath of fidelity, as honorary Canons and Abbots of Saint Martin ; — N° 23, the *Evangeliary* of *Charles* " *le Chauve* " (IX century) ; — N° 184, a *Sacramentary* of Pope Gregory the Great (X century) ; — N° 185, a *Missal* of Tours Church (XIII century) ; — N°s 217 and 218, *Prayer books* (*Livres d'heures*) (XV century) from the Chartreux (carthusian convent) of Liget ; — N° 219, a Prayer book from *Saint Florentin d'Amboise* (XVI century) delightfully illustrated by Jean Viau, a glass painter ; — N° 984, *Titus Livius* (XV century), *Terentius* (XII century) with the characters of each play ; *Ovid* (XIII century), a *Life of Saint Martin* (XI century), a *New Testament* (XIV century). — Among the rare books, there will be found

des incunables, on remarque la *Bible* de Mayence (1462), un *Missel* de Tours sur vélin (1485), un *Bréviaire* de Henri III (1588), etc... — Dans la salle des Manuscrits, élégantes armoires provenant du château de Chanteloup près Amboise (XVIIIe siècle).

La Bibliothèque est ouverte, tous les jours (sauf dimanches et jours fériés), de 10 h. à 11 h. 30 et de 13 h. à 16 h. ; en été, jusqu'à 17 h. ; fermée du 15 août au 30 septembre et pendant les vacances de Pâques.

A l'est, le ***Musée d'Histoire naturelle*** fait pendant à la Bibliothèque et est conçu dans le même style (inauguré en 1828) : dans le vestibule, musée compagnonnique où sont exposés les chefs-d'œuvre des compagnons menuisiers, charpentiers, couvreurs, etc...; dépouille d'un éléphant naturalisé; — au deuxième étage, musée pro-

---

the Mayence *Bible* (1462), a *Prayer book* (*Missel*) on vellum (1485) and a *Breviary* of Henry III's (1588). — In the Mss'. Hall, there is hanging a beautiful coat of arms from the castle of Chanteloup, near Amboise (XVIII century).

The Library is open every day (Sundays and Holidays excepted), from 10 to 11.30 a. m. and 1 to 4 p. m., in summer until 5 p. m. It is closed from the fifteenth of August till the thirtieth of September and during the Easter holidays.

On the East side is the ***Natural History Museum***, in the same style as the Library; it was opened in 1828. In the Lobby are exhibited the masterpieces of trade's union craftsmen, joiners, carpenters, tilers, slaters... and also a stuffed elephant from Barnum's circus. On the second floor, are the Natural History Museum and the Museum

prement dit d'histoire naturelle et musée, fort important, de la Société archéologique ; — au rez-de-chaussée et au premier étage, salles de l'École des Beaux-Arts.

Ouvert, dimanches et jeudis, de 12 h. à 16 h. ; pour les étrangers, tous les jours (sauf le lundi), de 13 h. à 16 h.

La place des Arts est embellie de deux jolis squares, ornés l'un d'une statue de *Descartes* (philosophe, né à La Haye-Descartes en 1596), l'autre d'une statue de *Rabelais* (écrivain, né près de Chinon en 1483).

Le **pont de pierre**, auquel a été donné en 1918 le nom

---

of the Archeological Society. On the ground and first floors, are halls for the Fine Art School.

Open on Thursdays and Sundays, from 12 till 4 p. m. It is also open for tourists every day, except Mondays.

The place des Arts is adorned with two beautiful gardens in each of which is a marble statue. In front of the Museum is the statue of *Descartes* (1596-1650), a philosopher who was born at La Haie in Touraine. He is the author of *Le Discours de la Méthode, Traité des passions de l'âme*, which work appeared in 1649. In the same year Descartes went to Sweden on an invitation of Queen Christina, and died at Stockholm the following year. In front of the Library is a statue of *Rabelais* (1483?-1553), a humorist, born at Chinon in Touraine. He was the author of *Pantagruel* (1553) and *Gargantua* (1535). After having been successively a monk, a physician, and the parish priest of Meudon, he obtained a *prebend* in the Abbey of Saint Maur.

de **pont Wilson,** fut construit de 1765 à 1778, sur les plans de M. de Bayeux, pour le passage de la route Nationale n° 10 de Paris à Bayonne; il a une longueur de

Le pont de pierre ou pont Wilson. — Statue de R. Descartes.

Wilson's Bridge (stone). — Statue of R. Descartes.

The **stone Bridge**, since 1918 called **Wilson's Bridge**, was built 1765-1778 from the plans of Mr. de Bayeux, for the crossing of National Road, nr 10, from Paris to Bayonne; its length is 434 mètres and its width 14^{mtrs},60.

434 mètres et une largeur de $14^{m},60$; il se compose de quinze arches surbaissées, d'une ouverture de $24^{m},40$. Chacune des extrémités du pont est ornée d'un vase en marbre provenant du château, aujourd'hui détruit, de Chanteloup, près Amboise.

Du pont, le panorama est admirable sur la Loire, sur les îles qui rompent l'uniformité de son lit, sur les ponts suspendus, sur le côteau qui s'étage vers le nord et sur les villas enfouies sous le feuillage et la verdure.

Remontant le cours du fleuve, le visiteur rencontre, d'abord, à sa droite (plan-carte, p. 23), la *place Foire-le-Roi* (vieilles maisons et hôtel du xvie siècle au n° 8), et les vastes magasins de la **Manutention militaire,** installés dans les *bâtiments* (xve siècle) et l'*église* (xiiie siècle) d'un ancien *couvent des Jacobins*. Puis, c'est le pont suspendu

---

It has fifteen arches, 24^{m},40 span. Each end of the bridge is adorned with a marble vase from the castle of Chanteloup, near Amboise.

The view of the Loire from this bridge is very beautiful. We may see numerous islands which add to the beauty of the river. In addition, the landscape is agreeably enlivened by the suspension bridges, the northern slopes of the river with elegant villas and mansions, which all look as if at rest among the foliage.

Going up the stream, the traveller will find, on his right (maps, p. 23), the *place Foire-le-Roy* (old houses and at n^r 8, a private residence built in the xvi century). Also the wide **store houses of the army bake-house** which are situated in the extensive buildings (xv century) and in the

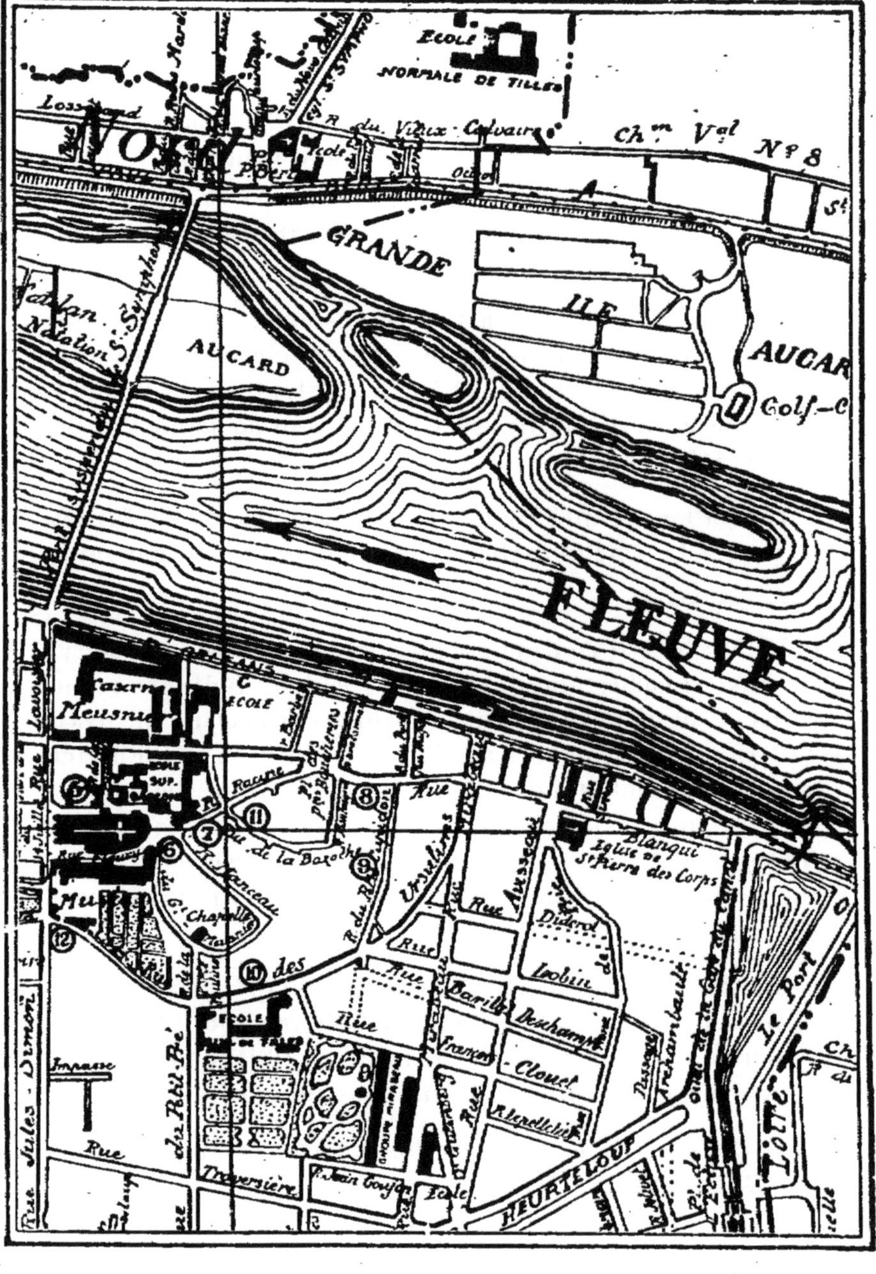

ECOLE NORMALE DE FILLES
R. du Vieux Calvaire
Ch.in V.al N° 8
NORD
GRANDE
ILE
AUCARD
AUCAR
Golf-C
Natation
FLEUVE
ECOLE
Caserne Meusnier
ECOLE SUP.
R. Racine
R. de la Bazoche
R. Hanceau
Ursulines
Rue Aussegui
Diderot
Eglise de St Pierre des Corps
Blanqui
Jobin
Rue Barilles Deschamps
Rue Francois Clouet
Rue Fleurelle
Archambault
Passage
Quai de la Gare du Canal
Le Port
Loire
HEURTELOUP
Rue Jean Goujon
Traversière
des Petit Pré
ECOLE
Impasse
Rue
Rue Jules Simon
Rue Lavoisier

construit près des ruines d'un antique pont (XIe siècle), pour relier à la ville le faubourg *Saint-Symphorien* (dont l'église assez curieuse possède un chevet du XIIe siècle et un portail Renaissance remarquable); *Sainte-Radegonde* (église romane) et *Marmoutier* restes de l'abbaye martinienne du XIIIe siècle).

Au coin de la **rue Lavoisier** (plan-carte, p. 29), la *tour de Guise* (XIIIe-XVe siècle) profile vers le ciel sa masse imposante, reste de l'ancien château construit en ce lieu par Philippe le Hardi, et qui servit de prison au jeune duc de Guise (1591).

Tout à l'extrémité de la rue, sur la **place du 14-Juillet** se dresse la ***Cathédrale***. Fondée au IVe siècle par saint

---

old church (XIII century) of an ancient *Jacobin monastery*. He then reaches the suspension bridge, built near the ruins of an ancient XI century bridge connecting the town with the *Saint-Symphorien* suburb, the church of the latter is of an ancient style and present apsis is of the twelfth century and a porch in the Renaissance style; *Sainte-Radégonde*, with its romantic church; *Marmoutier* with the remnants of Saint Martin's Abbey built in the XIII century.

At the corner of **rue Lavoisier** (maps, p. 29), *Guise tower* (XIII-XV centuries) stands in bold outline. It is what remains of the ancient castle built by Philip the Bold in which the young duke of Guise was imprisoned (1591).

At the end of the street on the **place du 14-Juillet** stands the ***Cathedral***.

Front of Cathedral.

Lidoire, cette église fut, au cours des siècles, reconstruite à diverses reprises. Le monument actuel porte les marques du style roman sur les faces latérales extérieures des tours; l'abside et le chœur datent du XIIIe siècle; le transept, ses deux portails et les premières travées de la nef, du XIVe siècle; les autres travées et la façade, du XVe siècle; le sommet des tours appartient à la Renaissance. La longueur de cet édifice est de 100 mètres environ; sa largeur, au transept, de 46 mètres; la hauteur des voûtes, de 29 mètres. La tour nord a une hauteur de 70 mètres; la tour sud, de 69 mètres.

L'intérieur de la Cathédrale possède le tombeau des fils de Charles VIII et d'Anne de Bretagne (attribué à l'école de Michel Colombe), des restes de peintures à fresque, les tombeaux des archevêques de Tours, enfin une série de

---

Its foundations were laid by Saint Lidoric (IV century); it has been rebuilt several times. The present monument bears the marks of the Roman style on the side and exterior fronts of the towers; the apsis and the choir date from the XIII century; the transept, its two porches and the first arches of the nave date from the XIV century; the other bays and the front of the edifice were built in the XV century; the tops of the towers date from the Renaissance. The length of this edifice is about 100 metres; its width, in the transept, is 46 metres; the height of the vaults, 29 metres. The North tower is 70 metres high; the South one measures 69 metres.

Inside the cathedral is the grave of the children of Charles VIII and Anne of Brittany which is attributed to Michel Colombe's school; moreover, it presents some

magnifiques vitraux des XIIe, XIIIe et XIVe siècles. Du haut des tours (*ascension : 0 fr. 50*), le panorama est merveilleux sur la ville et les environs ; la tour nord possède un escalier de soixante-quinze degrés, en pierre dure, posé sur une voûte dont les arcs, ou nervures, seuls existent.

Au nord de la Cathédrale, l'ancien préau des chanoines, dit ***Cloitre de la Psalette*** (5) (p. 23 et 29), est à visiter (*entrée : 0 fr. 50*). Charmante construction du XVe et du XVIe siècle, autrefois reliée à l'église, cet édifice comprend : au rez-de-chaussée, un préau ou promenoir voûté, une tourelle d'escalier (XVIe siècle) (miniature de l'escalier du château de Blois), les restes d'une chapelle dont les murs sont recouverts de peintures à fresques; au premier étage, un promenoir (aujourd'hui couvert,

---

remnants of paintings in fresco, the graves of the archbishops of Tours and a series of stained glass windows of the XII, XIII and XIV centuries. From the tops of the towers the panorama is wonderful and extends all over the city and its surroundings. The North tower has a staircase of seventy-five steps, made of hard stone, and rests on a vault, the ribs of which subsist only.

North of the Cathedral, the Cloisters denominated ***Psalette Cloisters***(5) (p. 23 et 29). It is a very charming edifice of the XV and XVI centuries, and includes a vaulted walk with a staircase turret (XVI century) (a miniature of the stairs of "Château de Blois"), the remnants of a chapel, the walls of which are covered with paintings in fresco; on the first floor, a covered way (now walled in, but formerly

mais autrefois à jour) donne accès à l'ancienne Bibliothèque du Chapitre. Ces bâtiments, restaurés il y a quelques années, servent de musée lapidaire.

Au sortir du cloître, le visiteur contourne la partie nord de la Cathédrale. Sur la **place Grégoire-de-Tours**, le chevet de l'édifice se dresse admirable au milieu des contreforts, des arcs-boutants et des clochetons élancés.

Sur la gauche (6) (**p. 29**), se voit l'*ancienne chapelle de l'Archevêché* (une fraction est du XIIe siècle), avec la chaire extérieure (XVIe siècle), d'où l'officialité rendait ses sentences. — Tout à côté et rue Racine, n° 5, maisons des XVe et XVIe siècles (7) (**p. 29**).

La **rue du Général-Meusnier** qui, de ce côté, monte en

---

open) leads to the ancient Chapter-Library. These buildings, which were restored a few years ago, are used as a lapidary museum.

Coming out of the Cloisters, the visitor will go round the North part of the Cathedral. On the **place Grégoire-de-Tours**, the apsis of the Cathedral stands with majesty in the midst of pillars, buttresses and tapering spires.

On the left (6) (**p. 29**), will be seen the ancient Chapel of the Archbishopric, part of which dates from the XII century, with an outside pulpit (XVI century) from which the Officiality delivered their sentences. — Near this place and n^r. 5 rue Racine, there are old XV and XVI century houses (7) (p. 29).

Rue du Général-Meusnier which on this side winds up

Cloître de la Psalette : tourelle d'escalier.
Psalette Cloisters.

serpentant, suit les contours des anciens remparts du *Cæsarodunum*.

Par la **rue Fleury**, le voyageur achève le tour de la Cathédrale et parvient, vers la gauche, au portail (restes d'un arc de triomphe érigé en 1688) de l'ancien archevêché, aujourd'hui ***Musée municipal*** de Peinture et de Sculpture (12) (p. 23 et 29).

Près de l'église épiscopale, sur les ruines des anciennes arènes et à l'abri des remparts de l'enceinte gallo-romaine, au VIe siècle, saint Eufrône éleva, pour lui et ses successeurs, une demeure modeste. Au cours des siècles. le logis subit de nombreuses transformations ; le palais qui abrite aujourd'hui les collections municipales fut com-

---

its meanders and runs along the site of the ancient walls of *Cæsarodunum*.

Through **rue Fleury**, the traveller completes his visit round the Cathedral and reaches, on his left, the porch of the former residence of the Archbishop; through this gateway may be seen the remains of a triumphal arch erected in 1688; the ancient Archbishops' mansion is now the ***Municipal Museum*** of Painting and Sculpture (12) (p. 23 and 29).

Near the Cathedral, over the ruins of an ancient arena and sheltered by the old Gallo-Roman defence-walls, a modest building was erected in the VI century by Saint Eufrône for himself and his successors. During the course of centuries this building was altered many times and the palace which now contains the municipal collec-

mencé au XVIIe siècle par l'archevèque Bertrand d'Eschaux ; augmenté en 1735, il ne fut terminé définitivement qu'en 1775. De l'époque primitive on rencontre encore,

Chaire extérieure de l'ancienne chapelle de l'Archevêché.
Chapel o Archbishopric with outside pulpit.

tions was begun by archbishop Bertrand d'Eschaux; enlarged in 1735, it was completed only in 1775. In the basements are still found many relics of ancient times, capitals,

dans les soubassements, de nombreux vestiges, chapiteaux, fûts de colonnes brisées, sculptures, inscriptions, etc. La tour d'angle située à l'ouest des bâtiments actuels remonte à une date antérieure : elle faisait partie des défenses de *Cæsarodunum*.

Les œuvres les plus remarquables que renferme le Musée sont les suivantes : Jouvenet, *le Centenier aux pieds de Jésus* (un morceau de cette toile, à gauche, a été emporté par un éclat d'obus, le 21 décembre 1870, lors du bombardement de la ville par les Allemands, alors que le Musée était situé place des Arts) ; — J. Restout, *Mort de sainte Scholastique* (tableau rentoilé) ; — Lépicié, *Zèle de Matathias tuant un Juif qui sacrifiait aux idoles;* — Mantegna, *la Résurrection* et *Jésus au jardin des Oliviers* (ces deux tableaux sont les plus précieux du Musée) ; — Bellini, *la Circoncision* (sur bois); — Le Guerchin, *Céphale et Procris ;* — Rubens, *Mars couronné par la Victoire :* — Rubens, *le Moulin* (paysage) ;

---

he shafts of broken pillars, bits of sculpture, inscriptions. The corner tower situated West of the present buildings is older, as it was part of the city walls of *Cæsarodunum*.

Among the works of the Museum which deserve attention the following are to be mentioned :

Jouvenet's *The Centurion at the feet of Jesus* (a part of this painting, on the left, was torn off by a shell on the twenty-first of December, 1870, at the time of the shelling of the town by the Germans, when the Museum was situated on " place des Arts ") ; — J. Restout's *Death of Sainte Scholastique*, a painting put on new canvas ; — Lépicié, *Matathias's zeal as he killed a Jew who was sacrificing to idols ;* — Mantegna, *Christ's resurrection and Jesus at the Garden of Olives* (these two paintings are the most precious in the Museum) ; — Bellini, *The Circumcision* (on wood) ; — Guerchino, *Cephalus and Procris ;* — Rubens, *Mars*

— Rembrandt, *Jeune femme Saskia ;* — Ph. de Champaigne, *le Bon Pasteur ;* — Eustache Lesueur, *la Messe de saint Martin, Saint Sébastien, Saint Louis pansant les malades* (tableaux ayant appartenu à l'abbaye de Marmoutier) ; — Boucher, *Amintas expirant ranimé par Sylvia, Apollon couronnant les Arts, Apollon visitant Latone ;* — Delacroix, *Comédiens ou Bouffons ;* — de l'École flamande, *Saint Joseph et la Vierge* (tryptique sur bois, xvie siècle) ; — Feyen-Perrin, *Velpeau à la Charité.*

Les salles contiennent, en outre, quelques sculptures remarquables, des tapisseries et des soieries anciennes et modernes, quelques meubles intéressants. Une salle spéciale est consacrée aux industries d'art tourangelles : soieries, céramiques (Avisseau et Chauvigné), gravures (Abraham Bosse), etc.

Le Musée est visible : pour les étrangers, tous les jours, de 12 h. à 16 h., sous la conduite d'un gardien ; pour le public, dimanche et jeudi, de 12 h. à 16 h.

---

crowned by Victory; — Rubens, *The Mill*, a landscape; — Rembrandt, *A Young Saskia Woman ;* — Ph. de Champaigne, *The Good Shepherd ;* — Eustache Lesueur, *The Mass of Saint Martin, Saint Sébastien, Saint Louis dressing the wounded* (this painting belonged to Marmoutier Abbey) ; — Boucher, *Expiring Amintas brought back to life by Sylvia, Apollo crowning the Arts, Apollo visiting Latone;* — Delacroix, *Comedians or Jesters ;* — from the Flemish School, *Saint Joseph and the Virgin* (a tryptic on wood, xvi century) ; — Feyen Perreau, *Velpeau at the Charity hospital.*

In addition, the halls present some remarkable sculptures, ancient and modern tapestries, silks, and interesting pieces of furniture. A special hall is reserved to Touraine Art works : silks, ceramics (by Avisseau and Chauvigné), engravings (by Abraham Bosse, and others).

The Museum is open for tourists every day, from 12 noon to 4 p. m. A guide is in attendance. For the public the Museum

Le jardin est ouvert au public, tous les jours, de 12 h. à 16 h. en hiver, à 18 h. en été.

Face au Musée, le **square Émile-Zola** (à côté de 12) (p. 23 et 29) renferme le monument (œuvre du sculpteur Sicard) élevé aux docteurs *Bretonneau* (1778-1862), *Velpeau* (1795-1867) et *Trousseau* (1801-1867).

Par la *rue Émile-Zola* (au n° 19, hôtel intéressant construit en 1770) (c) (p. 23), puis par la *rue Corneille*, le touriste atteint le ***Théâtre Municipal***, reconstruit en 1889, après un incendie.

La *rue de la Scellerie*, puis (n° 18), à gauche, la **rue Jules-Favre** conduisent (n° 7) à l'*ancienne église Saint-François-*

---

is open Sunday and Thursday between the hours of 12 noon and 4 p. m.

The garden of the Museum is open to the public every day from 12 noon to 4 p. m. in Winter, and from 12 noon to 6 p. m. in Summer.

Opposite the Museum, the **square Émile-Zola** (near 12) (p. 23 et 29) contains the monument (from the chisel of the sculpture Sicard) of Drs *Bretonneau* (1778-1862), *Velpeau* (1795-1867), and *Trousseau* (1801-1867).

Through the *rue Émile-Zola* (at nr 19, is a very interesting hotel, built up in 1770) (c) (p. 23) and through *rue Corneille*, the tourist reaches the ***Municipal Theater***, rebuilt in 1889 after a fire.

Through *rue de la Scellerie* and (nr 18) on the left through **rue Jules-Favre** (nr 7) we reach the ancient *Saint Fran-*

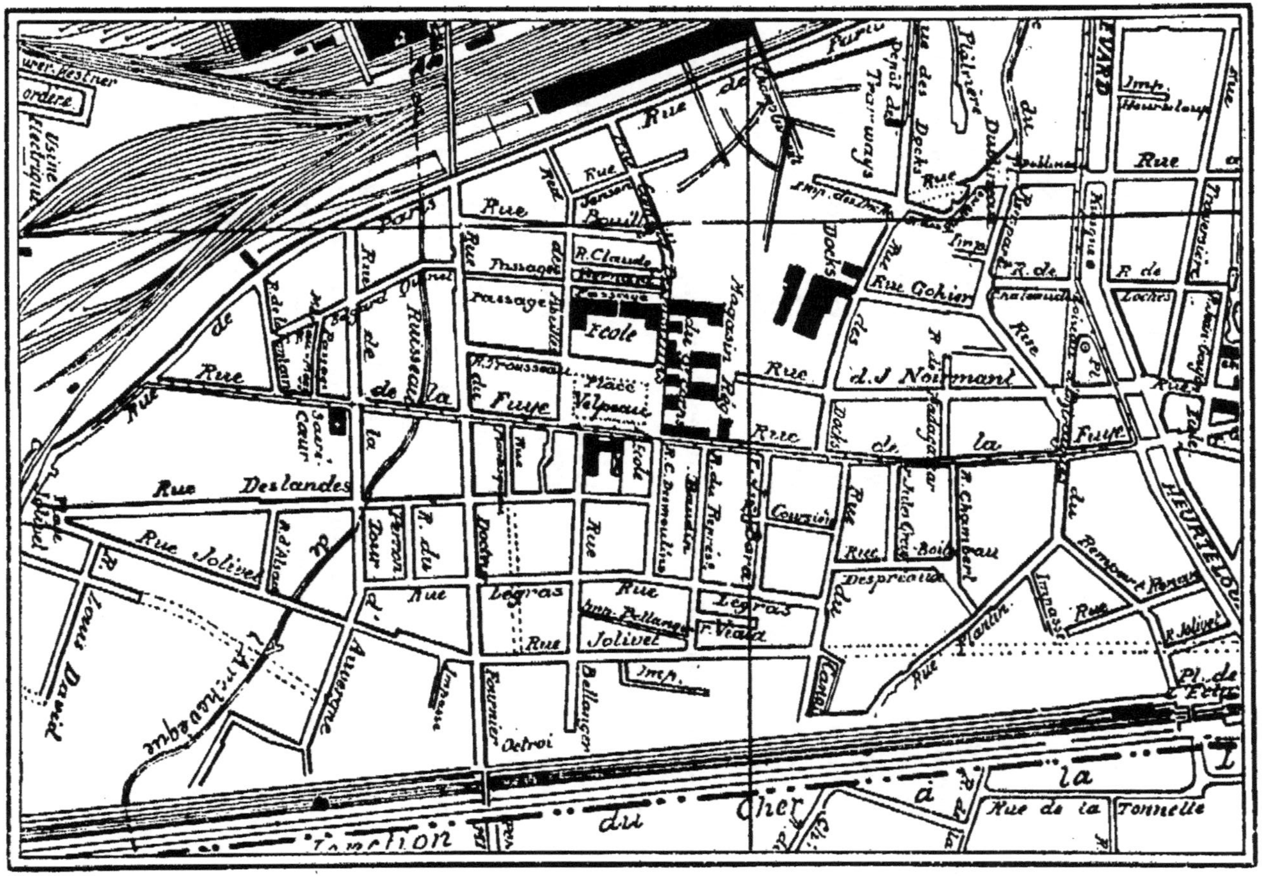

Usine Electrique
Rue de Paris
Rue de la Fuye
Rue Deslandes
Rue Jolivet
Louis David
L'Archevêque
Auvergne
Rue du Ruisseau
Passage
École
R. Claude
Place Velpeau
Magasin Rég.
Rue des Docks
Rue Gohier
Rue d. J. Normand
R. Chambert
Boileau
Despréaux
Rue Legras
Rue Jolivet
Imp. Bellanger
r. Viaud
R. du Ferron
Tour
Rue Fournier
Octroi
Bellanger
Imp.
Impasse
R. C. Desmoulins
Baudin
R. du Repos
Courier
Canal
Rue Planlin
Rempart
R. Jolivet
Pl. de
HEURTELOU
Dépôt des Tramways
Plâtrière
Rue des Docks
Kiosque
R. de Loches
Rue
Traversière
Imp.
Sacré Cœur
Rue de la Tonnelle
Cher
du
à
la

de-Paule (14) (p. 23) (aujourd'hui salle de spectacle), construite par les Jésuites, en 1675, pour leur collège.

Tout près (nº 5), par-dessus les grilles, on aperçoit une partie fort bien conservée de l'*ancien hôtel de Semblançay*, construit, vers 1508, par le célèbre surintendant des finances : hautes fenêtres à meneaux, lucarnes ornées de la symbolique Salamandre, et, en retour vers la gauche, galerie surmontée d'un oratoire (pour visiter, s'adresser au Nouveau Bazar, 26, rue Nationale).

Au numéro 6 de la même rue s'ouvre l'entrée du *Palais du Commerce* (15) (p. 23), construit de 1757 à 1759, d'après les plans de l'architecte tourangeau Pierre Meusnier.

A la sortie de la rue Jules-Favre, après quelques pas

çois Church (to-day a play-house) (14) (p. 23) which was built by the Jesuits, in 1675, for their college.

Nearby (nr 5) over the railings we see a well preserved part of the *ancient Semblançay residence* which was built about 1508, for the celebrated superintendant of the Treasury. The escutcheon adorned with the symbolical Salamander, and in front towards the left, the gallery surmounted by an oratory are to be seen (persons wishing to visit, have to apply to nr 26 Rue Nationale, " Nouveau Bazar ").

At nr 6 of the same street (Jules-Favre) can be seen the entrance of the *Palais du Commerce* (15) (p. 23) which was built (1757-1759) from the plans of the tourangeau architect Pierre Meusnier.

At the end of rue Jules-Favre, a few steps to the

dans la **rue Colbert** (n°s 10-12), l'**église *Saint-Julien*** (16) (p. 23). Fondée au VIe siècle, cette église subit des fortunes diverses : la construction actuelle date du XIIIe siècle, sauf la tour du clocher qui remonte au Xe siècle ; elle appartenait à une abbaye.

Au nord de l'église, la Caserne de passage renferme une salle voûtée assez bien conservée, remontant au XIIe siècle : en ce lieu, *salle capitulaire de l'ancienne abbaye*, Henri III, chassé de Paris par la Ligue, ouvrit la première séance des États généraux réunis à Tours en 1589.

Traversant la rue Nationale, le voyageur gagne la **rue du Commerce**. Dès l'entrée se présente la **place de Beaune** sur laquelle s'élève l'*hôtel de la Crouzille* (17) (p. 23), mai-

---

left (**rue Colbert**, n^rs^ 10-12), we have ***Saint Julien's Church***(16) (p. 23). Founded during the VI century, this church suffered many and various mishaps. The present edifice dates from the XIII century, except the steeple tower which belongs to the X century. It was the dependence of an abbey.

North of the church, there are barracks for travelling military men in which there is a well preserved vaulted hall which dates from the XII century. This was the *Ancient capitular Hall* of the Abbey. Henri III, driven away from Paris by the *Ligue*, opened there the first setting of the " States General " which met at Tours in 1589.

Crossing Rue Nationale, the traveller reaches **rue du Commerce**. At its beginning we perceive the **place de Beaune** on which stands the *Hôtel de la Crouzille* (17)

son en pierre, du xve siècle, à double pignon, avec un fronton orné d'une élégante coquille.

Au n° 20, au fond d'un couloir, *hôtel des Trésoriers* ou *hôtel Gazil*, construction du xvie siècle (19) (p. 23) : galerie à colonnades, beau pignon, escalier à vis orné de curieux motifs.

Au n° 35, ***hôtel Gouin*** (20) (p. 23) : cette merveilleuse demeure fut construite au xvie siècle ; la façade comporte « trois loges à l'italienne, décorées de colonnettes, de pilastres et d'arabesques, traitées avec un goût exquis » dans le style le plus pur de la Renaissance.

Entre les n°s 69 et 71 s'ouvre la **rue Paul-Louis-Courier** : le voyageur examine au passage les demeures qui bordent cette voie (21 et 22) (p. 23) : n° 17, maison de la première

---

(p. 23), a stone house of the xv century, with double gables and a front adorned with an elegant shell.

At n[r] 20 and at the end of a passage, can be seen the *Hôtel des Trésoriers* or *Hôtel Gazil*, a building dating from the xvi century (19) (p. 23), a gallery with columns and a fine gable and a beautifully ornamented screw staircase.

At n[r] 35 the ***Hôtel Gouin*** (20) (p. 23) : this beautiful residence was erected in the xvi century. In front are " three loggias in the Italian style, which are adorned with small columns, pilasters and arabesques in exquisite taste " and the purest Renaissance style.

Between n[rs] 69 and 71 begins the **rue Paul-Louis-Courier.** The tourist will look at the houses which are along this street (21 and 22) (p. 23) : n[r] 17 is a house of the first

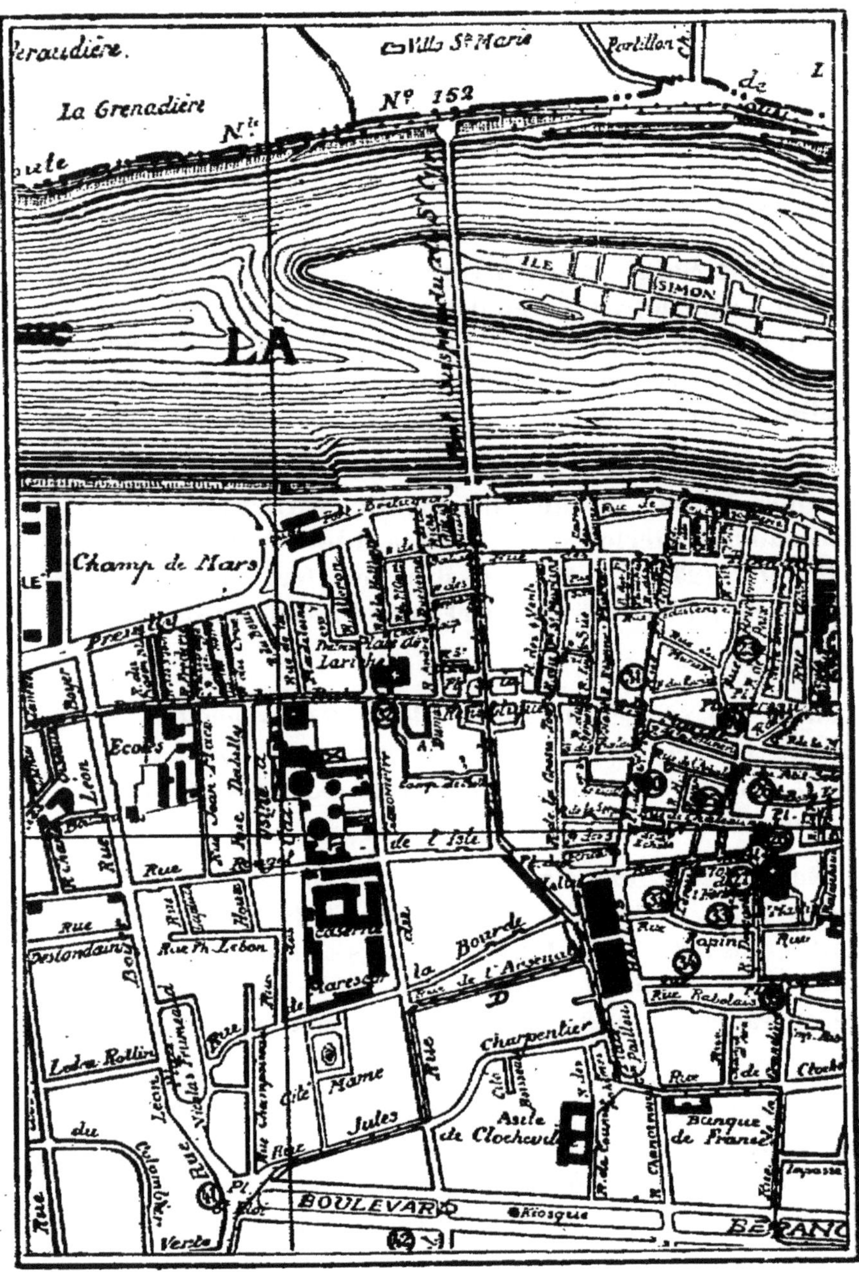
La Grenadière
Ville St Marie
Pavillon
N° 152
ILE
SIMON
LA
Champ de Mars
Ecoles
Rue Jean Macé
Rue Deslandes
Rue Ph. Lebon
Caserne
la Bourde
Rue de l'Arsenal
Rue Charpentier
Cité Mame
Rue Jules
Asile de Clocheville
Banque de France
Rue Rabelais
Rue Papin
Rue de l'Isle
Rue Léon
Rue Nicolas Frumeaud
Rue Champoiseau
Lod. Rollin
BOULEVARD
Kiosque
BÉRANG
Impasse
Rue Chanoineau

moitié du XVIe siècle ; n° 15, hôtel Robin-Quantin, fin du XVIe siècle, à double cour et à double façade ; n° 10, hôtel Binet ; n° 3, ancien laboratoire départemental, fin du XVIe siècle.

L'***église Saint-Saturnin*** (près 22) (p. 23), dite aussi des Carmes (du nom des religieux bénéficiaires), fut construite en 1471, par les soins de Louis XI : piliers et voûtes peints, verrière monumentale au-dessus du maître-autel, stalles du XVe siècle.

Sur le quai, tout proche, s'ouvre la **rue Briçonnet** dont nombre de logis méritent une mention particulière : n° 35, mur du XIIe siècle ; n° 18, *maison* dite à tort *de Tristan l'Hermite* (23) (p. 45), construction fort curieuse du XVe siècle (visiter l'intérieur et faire l'ascension du belvé-

---

half of the XVI century ; n[r] 15, *hôtel Robin-Quantin* (end of the XVI century) with double yard and front ; n[r] 10, *hôtel Binet ;* n[r] 6, a former chemical laboratory of the department finished in the XVI century.

Saint Saturnin's Church (near 22) (p. 23), known also as the *Carmes' Church*, after the name of the monks of this order, was built in 1471, by the orders of Louis XI. There are to be seen painted pillars and vaults, a monumental glass frame above the grand altar, XV century stalls.

On the embankment close by, begins **rue Briçonnet** with many houses worth special mention : n[r] 35, is a XII century wal ; n[r] 18, a house which is wrongly called *Tristan l'Hermite's house* (23) (p. 45), a very curious XV century building (inside worth visiting, the belvidere is

dère); n° 21, hôtel du duc de Choiseul, construit en 1733; n°s 25 et 27, vieux logis; n° 31, maison à façade gothique (XIIe-XIIIe siècle), ayant conservé presque intacte son ordonnance primitive; n° 34, restes de l'église Saint-Pierre-le-Puellier.

A la **place Plumereau** et à la **rue du Change**, n°s 2 et 3 (24)

---

to be ascended); n^{r} 21, the *Duke of Choiseul's Hôtel* was erected in 1733; n^{rs} 25 and 27, old residences; n^{r} 31, a house with a gothic front (XII and XIII centuries) with primitive composition well preserved; n° 34, the remnants of the old church of *Saint-Pierre-le-Puellier*.

G.L.

Maison de Tristan : porte.
Tristan l'Hermite's House : entrance.

(p. 45), nombre de vieilles maisons à pignon (xve siècle) donnent une physionomie particulière.

La **rue du Grand-Marché** et la **rue de Lariche** (vieux logis) conduisent à ***l'église Notre-Dame la Riche*** (32) (**p.** 45). Fondée par saint Lidoire, près du tombeau de saint Gatien, cette église fut rebâtie à diverses époques : au IXe siècle, au XIIe, puis au XVe siècle; elle a été restaurée au cours du XIXe siècle; belles verrières du XVe siècle, attribuées à Robert Pinaigrier, statue du XVIIe, vieux rétable en bois doré, curieuse inscription de 1613, tableau, etc.

Au retour, le voyageur admire, sur la **place du Grand-Marché**, la ***fontaine monumentale*** (30) (p. 45) : élevée, en

---

On **place Plumereau** and particulery in **rue du Change**, n[rs] 2 and 3 (24) (p. 45), are numerous old houses with gables (XV century) which adds to this thoroughfare a peculiar aspect.

The **rue du Grand-Marché** and **rue de Lariche** lead to the church of ***Notre-Dame la Riche*** (32) (p. 45), founded by Saint Lidoire, near Saint Gatien's grave. This church was rebuilt again at several epochs (IX, XII and XV centuries). It was repaired and completely restored in the course of the XIX century; beautiful stained glass from the XV century, ascribed to Robert Pinaigrier; a XVII century statue; an old altar screen made of gilt wood; curious inscriptions of 1613 and pictures...

On his way back, the traveller will admire on the **place**

1511, sous la direction de Michel Colombe, par les soins de Jacques de Beaune-Semblançay, sur la place de Beaune, elle fut installée, en 1820, à son emplacement actuel. Au milieu d'arabesques, de figures fantastiques, de banderolles et d'inscriptions, elle porte les armes de Louis XII, d'Anne de Bretagne, du seigneur de Semblançay et de la ville de Tours.

Au n° 59 de cette même place, vieille maison; — au n° 54, portail du xve siècle donnant accès à un groupe de maisons dépendant autrefois du trésorier de la basilique Saint-Martin; — au n° 53, s'ouvre la *rue des Trois-Écritoires* : n° 7 (à l'extrémité du couloir), hôtel Cottereau, construit vers le milieu du xvie siècle; — au n° 30, la *rue de Châteauneuf* conduit au centre de la Martinopole.

---

du Grand-Marché the *monumental Fountain* (20) (p. 45), which was erected in 1511 under the direction of Michel Colombe and care of Jacques de Beaune-Semblançay, on the place de Beaune. It was placed on its present site in 1820. Among many arabesques, fantastical figures, streamers and inscriptions, it is adorned with the escutcheons of Louis XII, Anne of Brittany, the Semblançay family and the town of Tours.

Nr 59 in the same place an old house; — nr 54, a porch of the xv century and giving access to several houses which belonged to the treasurer of Saint Martin's Church; — number 53 is the beginning of rue *des Trois-Écritoires* : nr 7, *Cottereau Hôtel*, which was built about the middle of the xvi century (at the end of a passage); — at nr 30, begins *rue de Châteauneuf* which leads to the center of *Martinopolis*.

Par les **rues de Châteauneuf** et (n° 21) **Henri-Royer**, le voyageur contourne les restes de *l'église Sainte-Croix* (25) (p. 45) (aujourd'hui magasin), fondée en 580 par la reine sainte Radegonde et reconstruite au XIIIe et au XVe siècle.

Rue de l'Arbalète (p. 45), le vieux *logis de l'Arbalète*, maison du XIIe siècle, voûtée au rez-de-chaussée, fut modifié au XVIe et au XVIIe siècle.

Rue du Change : n° 14, entrée de l'ancienne église romane Saint-Denis; n° 15 (à l'intérieur), restes de l'ancien hôtel Berthelot, fondateur du château d'Azay-le-Rideau; n° 19, hôtel habité par Jean Briçonnet, premier maire de Tours.

Sur la **place Châteauneuf**, à droite (n° 15), l'*auberge de*

Through this last street and (n^{r} 21) **rue Henri-Royer** the traveller will go round the remnants of the *Sainte-Croix Church* (25) (p. 45), to-day a warehouse, founded in 580 by queen Sainte Radegonde and built up again in the XIII and XV centuries.

In **rue de l'Arbalète** (p. 45) is the old residence called *l'Arbalète*, a house dating from the XII century, vaulted on the ground floor, and altered during the XVI and XVII centuries.

Rue du Change : n^{r} 14, entrance to the ancient roman *church of Saint-Denis;* n^{r} 15 (inside), remnants of the ancient *Berthelot Hôtel*, which was erected by the builder of the Château of Azay-le-Rideau; n^{r} 19, a mansion which was inhabited by Jean Briçonnet, the first Mayor of Tours.

On the **place de Châteauneuf** (n^{r} 15), on the right, the

la Croix-Blanche (26) (p. 45), demeure construite vers la fin du XIIIe siècle, sans doute restaurée depuis, fut, d'après certains, l'hôtel de ville de Châteauneuf ou Martinopole.

Les tours de la **basilique Saint-Martin** dominent les constructions de la rue des Halles. La basilique, fondée au Ve siècle, par saint Perpet, sur le tombeau de saint Martin, fut reconstruite au XIIe siècle et maintes fois restaurée. Désaffectée à la Révolution et mise au pillage, elle ne tarda pas à tomber en ruines ; deux tours (rue des Halles) en attestent encore le caractère grandiose : la *tour Charlemagne* (27) (p. 45), élevée sur le tombeau de Luitgarde, épouse de Charlemagne, morte à Tours, et la *tour de l'Horloge* (28) (p. 45), dite aussi tour du Trésor.

Croix-Blanche Inn (26) (p. 45), a house built in the XIII century, probably restored since, and was, according to tradition, the Town Hall (Hôtel de Ville) of Châteauneuf or Martinopolis.

The towers of **Saint Martin's basilica** rise above the buildings of the *Rue des Halles* (the Market Street). This church was founded by Saint Perpet (V century) on the grave of Saint Martin, and was rebuilt again in the XII century ; after many years, many improvements were made. It ceased to be a place of public worship in the times of the Revolution and was even thoroughly ransacked and plundered. Two towers (rue des Halles) still standing testify to the imposing greatness of this edifice. The *Charlemagne Tower* (27) (p. 45) was erected on the grave of *Luitgarde*, Charlemagne's consort, who died at Tours.

La nouvelle basilique, œuvre de l'architecte Laloux, fut achevée en 1902; elle est élevée sur une partie de l'ancienne église, d'après un plan analogue à celui des basiliques primitives du IVe siècle; l'intérieur est remarquable.

Face à l'entrée de la basilique, dans le couvent des Dames du Sacré-Cœur, rue Descartes, n° 3, subsiste une portion des *anciens cloîtres de la basilique martinienne*, œuvre fine et délicate de la Renaissance (1508-1519), ainsi que la *chapelle Saint-Jean* (ancien baptistère) (entrée : rue Rapin, n° 3) (33) (p. 45), où Philippe Ier, roi de France, enleva, en 1093, Bertrade de Montfort, épouse du comte d'Anjou.

The *Clock Tower* (28) (p. 45) is also called the *Tour du Trésor* (Treasure Tower).

The new Saint Martin's church (or Basilica) (*) was built by the architect Laloux and finished in 1902; it stands on part of the grounds on which the old church was situated and its plans are those of primitive IV century basilicas. The inside of this church is remarkable.

Opposite the entrance of the Basilica, in the convent of the *Dames du Sacré-Cœur* (rue Descartes, nr 3), is to be seen part of the *ancient cloisters of the Martinian Basilica* which is very elaborate and refined Renaissance work (1508-1519) and *Saint John's Chapel*, an ancient baptistery (entrance : rue Rapin, nr 3) (33) (p. 45), where Philippe I, king of France, carried off, in 1093, Bertrade of Montfort, consort of the Count of Anjou.

(*) It is known that a " Basilica " was a part of a Roman palace wherein Justice was administered to the people. The name was afterwards transfered to the first building used for Christian worship.

Dans ce même quartier, plusieurs monuments intéressants sont encore à visiter : **rue Rapin** (n° 5), vieil hôtel

Nouvelle basilique Saint-Martin. Au fond : tour Charlemagne.
New Saint Martin's basilica and Charlemagne tower.

In the same neighbourhood, several interesting monuments are worth a visit : nr 5, **rue Rapin**, an ancient

restauré (xve siècle) (33) (p. 45); — **rue Néricault-Destouches** : n° 39 *bis*, tour de l'ancienne enceinte de Châteauneuf (x^e-xiie siècle) (34) (p. 45); n° 35, pan de mur de l'époque carolingienne; et n° 34, hôtel du xve siècle restauré (35) (p. 45); — **rue Boucicaut** (par la *rue Jérusalem*, au n° 17 de la rue Néricault-Destouches), tour Fulbert ou de la Tabagie (xiie siècle) (36) (p. 23), reste des défenses de Châteauneuf.

Par la rue Marceau (p. 23), le voyageur rejoint les rues Clocheville et Gambetta (près la place du Chardonnet) (Bureau central des *Postes, Télégraphes* et *Téléphones*) et la rue Nationale qu'il traverse pour atteindre la **rue de la Préfecture**.

Au n° 3, le ***Lycée Descartes*** (p. 23) est une construction entièrement moderne, élevée sur l'emplacement d'un

---

"hôtel" of the xv century (restored) (33) (p. 45); — **rue Néricault-Destouches** : n^r 39 *bis*, a tower of the ancient walls of Châteauneuf (x-xii century) (34) (p. 45); n^r 35, a fragment of a wall dating from Carolingian times; n^r 34, a xv century residence (restored) (35) (p. 45); — **rue Boucicaut**, through *rue de Jérusalem, Fulbert's tower* or *of the Tabagie* (36) (p. 23) (xii century), remnants of the walls and defences round Châteauneuf.

Through *rue Marceau* (p. 23) the tourist reaches *rues de Clocheville* and *Gambetta*; near the *place du Chardonnet*, is the **Central Post, Telegraph and Telephone Office**; then *rue Nationale* is crossed and **rue de la Préfecture** reached.

N^r 3, ***Lycée Descartes*** is an entirely modern building and was erected on the grounds of an ancient Ecclesiastic

ancien collège ecclésiastique; dans la cour d'honneur, monument (œuvre de Sicard) élevé à la mémoire des anciens élèves du Lycée morts pour la Patrie.

Tout près, entrée de l'*hôtel du Grand-Commandement*, construit en 1848 dans les jardins de l'ancien couvent des Minimes.

Dans le passage, **chapelle du Lycée** (37) (p. 23), église de l'ancien couvent, construite de 1627 à 1635 : portail curieux; à l'intérieur, boiseries intéressantes, maître-autel en bois sculpté, stalles, bénitier du XVIe siècle.

Au n° 32, *Temple Protestant* (38) (p. 23), installé en 1838 dans la chapelle de la Communauté des Filles de l'Union chrétienne.

Place de la Préfecture, *hôtel de la Préfecture* (p. 23)

---

school; in the principal court-yard there stands a monument (the work of Sicard) erected to the memory of the old pupils who died for their country.

Nearby is the entrance to the *IX Army Corps Headquarters*. This building was erected in 1848 on the gardens of the ancient Minims' convent.

In the passage, the ***Chapel of the Lycée*** (37) (p. 23), which was used by the convent, built during 1627-1635, is a very curious porch. Inside there are very interesting wainscotting, a carvedwood high-altar, XVI century stalls and holy water font.

N° 32, the *Protestant Temple* (38) (p. 23), opened in 1838 in the convent of *the Christian Union Ladies*.

Place de la Préfecture, *the Préfecture* (p. 23) has been

installé depuis le Premier Empire dans les bâtiments du couvent de la Visitation fondé en 1632 : la grille d'entrée, en fer forgé, provient de l'ancienne abbaye de Beaumont-lès-Tours (*); les colonnes de marbre de la cour ont été tirées du château de Richelieu ; celles de l'intérieur, de l'église Saint-Denis-Hors d'Amboise.

Par la rue de Buffon (p. 23) qui longe le Jardin de la Préfecture et par le boulevard Heurteloup (p. 19), le touriste revient à la place du Palais-de-Justice (p. 18), centre de la ville.

Au sud-est de la place, *statue de Balzac* (1) (p. 19)(œuvre

---

since the times of Napoleon I in the buildings of the Visitation Convent founded in 1632. The entrance wrought iron gates come from the ancient Abbey of Beaumont-lès-Tours (*); the marble columns in the yard come from the Château of Richelieu, those inside the building from the church of *Saint-Denis-Hors d'Amboise.*

Following *rue de Buffon* (p. 23) (near the Prefecture's Garden) and *boulevard Heurteloup* (p. 19), the tourist comes back to the *place du Palais* (p. 19), the center of the city.

At the South-East of the place (1) (p. 19) stands the *statue*

(*) L'abbaye de Beaumont-lès-Tours occupait l'emplacement de la nouvelle caserne dite « quartier Beaumont » (p. 59).

(*) The abbey of Beaumont at Tours occupied the grounds where the Beaumont Barracks are now situated (p. 59).

45

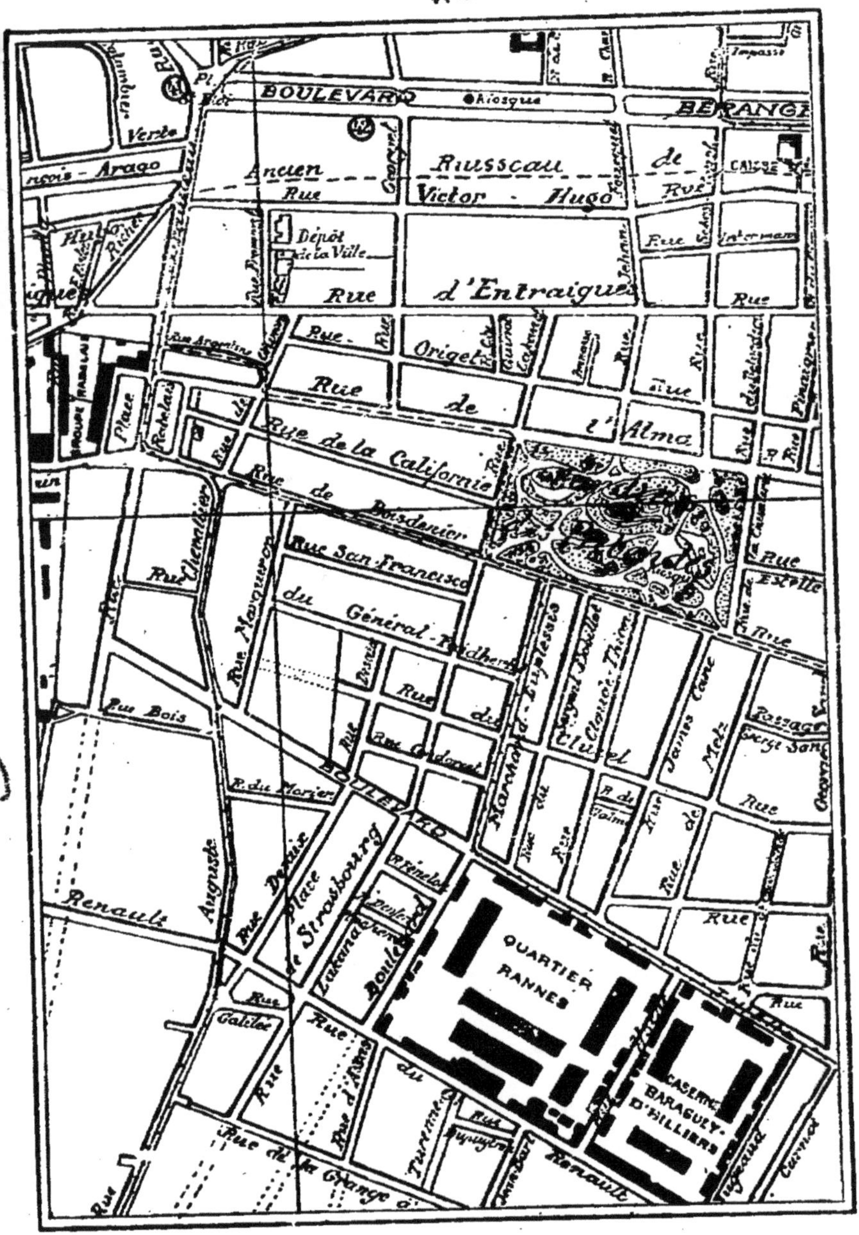

BOULEVARD
Kiosque
BERANGE
Rue Verte
Arago
Ancien
Russcau
Rue Victor Hugo
Dépôt de la Ville
Rue d'Entraigue
Rue Origet
Rue de l'Alma
Place
Rabelais
Rue de la Californie
Rue de Boisdenier
Rue San-Francisco
du Général-Rabier
Rue Chevallier
Rue Marguerron
Rue Bois
Rue Jamas Cane
Metz
Rue
Passage
George Sand
BOULEVARD
R. du Morier
Renault
Auguste
Rue Denis
Place de Strasbourg
Boulevard
QUARTIER RANNES
CASERNE BARAGUEY-D'HILLIERS
Rue
Galilee
Rue d'Arms
Rue de la Grange
Renault
Carnot
Rue de Exelle
Rue Pinaigrier

de Fournier), inaugurée en 1890. Balzac (1799-1850) est né à Tours au n° 37 de la rue Nationale (8) (p. 23).

Le visiteur peut encore voir : **avenue de Grammont** (n°s 34-36), église Saint-Étienne (39) (p. 19), élevée de 1869 à 1874, dans le style du XIIe siècle ; — **rue d'Entraigues** (n° 36), Lycée de jeunes filles (p. 19), construction moderne (1903) ; — **rue de l'Alma**, jardin des Prébendes-d'Oé (p. 57), créé en 1872 : bustes du *général Meusnier* (né à Tours en 1754, mort à Cassel en 1793) et du *poète tourangeau Racan* (1589-1670).

Le touriste auquel ses loisirs le permettront, parcourra avec plaisir les belles promenades de notre ville : boulevard Heurteloup, avenue de Grammont, boulevard Béranger.

---

of Balzac (by Fournier) unveiled in 1890. Balzac was born at Tours (1799-1850) at 37 rue Nationale (8) (p. 23).

The tourist may see also from **avenue de Grammont** (n[rs] 34 and 36), *Saint Etienne's Church* (39) (p. 19), erected from 1869 to 1874 in the XII century style ; — **rue d'Entraigues** (n[r] 36), stands the high school for girls, a modern building (p. 19) ; — **rue de l'Alma** is the *Prébendes-d'Oé garden* (p. 57), with busts of *General Meusnier* (born at Tours in 1754, died at Cassel in 1793), and of the Tourangeau poet *Racan* (1589-1670).

Boulevard Béranger was established at the beginning of the XVII century and includes the oldest parts of the city. It is named in memory of the poet-singer Béranger

HOSPICE GÉNÉRAL
LA Ri
La Rabatrie
Rue François - Ar
Rue
Rue Victor Hugo
Rue d'Entraigues
Rue
Rue François
Passage Richer
Imp. Valérie
Rue François Richer
PARC A FOURRAGES
GROUPE RABELAIS
Place
Rue du Plat d'Etain
QUARTIER D'ARTILLÈRIE
Rue de Beaumont
Rue
Chemin de la
Dépendances (de l'Hospice)
NOUVEL ABATTOIR
Rue de Hallebardiers
Rue de
Hospice Militaire (Projeté)
R. Félix Faure
Rue Général Renault
Rue
Chemin d'
Voie de raccordement
Usine Electrique
Rue de Joué
Lignes de Nantes
Levée du Cher
Menneton
Camp de Menneton
Rue
57

Établi au début du XVIIe siècle le long des anciens remparts de la ville, le **boulevard Béranger** doit son nom au poète chansonnier Béranger (1780-1857), dont la demeure s'abrita quelque temps à l'ombre des arbres séculaires. A droite et à gauche, d'élégants hôtels sont à remarquer : n° 36, hôtel de la Caisse d'épargne; n° 49, asile Gatien de Clocheville ; n° 116, hôtel Gouin (42) (p. 57).

Face à l'extrémité du boulevard, s'élèvent les restes du ***prieuré Saint-Éloi*** (brasserie Webel) (**41**) (p. 57). En ce lieu, dit la légende, saint Éloi, sur l'ordre de Dagobert, cisela la châsse qui devait orner le tombeau de saint Martin. Pour conserver le souvenir de ce fait, une chapelle fut édifiée vers le milieu du VIIe siècle, puis plus tard un prieuré. La chapelle, reconstruite d'abord au XIIe siècle, puis vers le milieu du XVe siècle, subsiste

---

(1780-1857) who lived in seclusion of the trees for some time. On the right and left the following famous buildings will be seen : n^r^ 36, hôtel de la Caisse d'épargne ; n^r^ 49, asile Gatien de Clocheville for children ; n^r^ **116**, hôtel Gouin (42) (p. 57).

Facing the extremity of the boulevard, rises the remains of the ***prieuré Saint Éloi*** (Webel Brewery) (41) (p. 57). At this place, history tells us, Saint Éloi, under the orders of Dagobert, chiseled the bust which was to adorn the tomb of Saint Martin. In memory, a chapel was built there about the middle of the VII century, and later the rectory. The chapel was rebuilt in the XII century; towards the middle of the XV century the larger part being built ; near is built along the lines of the Renaissance.

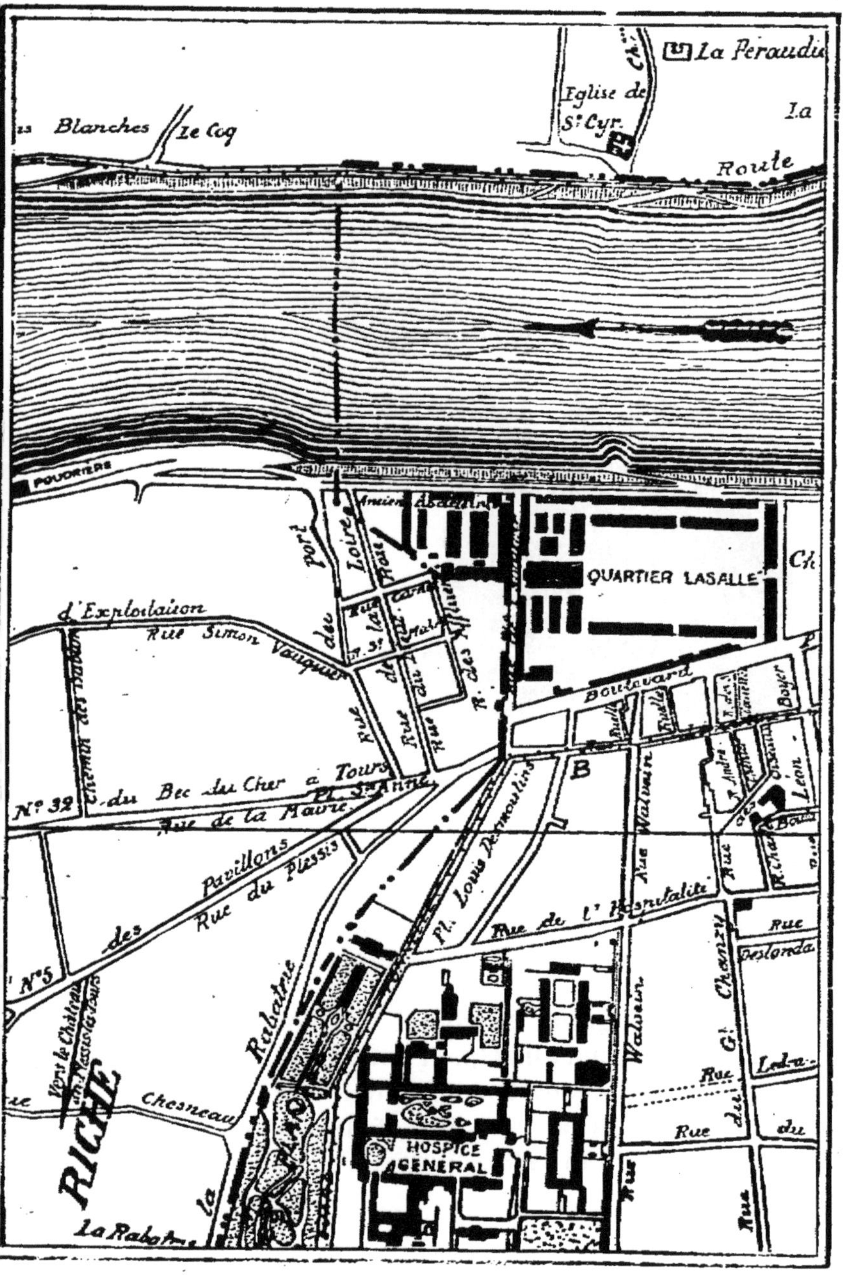

La Peraudie
Eglise de St Cyr
La Route
Blanches
Le Coq
Poudrière
Port
Loire
Ancienne Abbaye
Quartier Lasalle
Boulevard
Rue Simon Vauquer
d'Exploitation
Chemin des Bablon
No 32
du Bec du Cher à Tours
Pl. Ste Anne
Rue de la Mairie
Pavillons
des
Rue du Plessis
No 5
Vers le Château de Plessis-lès-Tours
Chesneau
Riche
La Rabaterie
Rabaterie
Pl. Louis Desmoulins
R. des Amandiers
Rue de l'Hospitalité
Rue Walvein
Rue Walvein
Rue du Gl Chanzy
Rue Deslonda
Rue Ledru
Rue du
Rue
Rue
Hospice Général
Léon
Boyer
B
45

encore dans sa plus grande partie; elle est accompagnée d'une construction qui présente de nombreux caractères de la Renaissance.

Le ***Jardin Botanique*** (p. 59 et 61), situé à l'extrémité de la ville, près des bâtiments de l'*Hospice général*, fut commencé en 1843 sur l'emplacement de l'ancien canal qui unissait le Cher à la Loire : il possède des serres intéressantes, une collection remarquable de plantes et d'arbres exotiques et des animaux acclimatés.

De là, en sortant de la ville à la barrière d'octroi située

Plessis-lès-Tours.

Remains of castle of Plessis-lès-Tours.

The **Botanical Garden** (pp. 59 and 61), situated on the outskirts of the town, near the buildings of the General Hospital, was begun in 1843 on the site of the ancient canal connecting the Cher and the Loire. In this garden there are interesting green-houses, a remarkable collection of exotic plants and trees and also acclimated animals.

From there, by going through the gate of the toll-house on **place Louis-Desmoulins** (p. 61), the traveller may reach the *Château of Plessis-les-Tours* through "rue du Plessis". This building is what remains of the abode of King Louis XI from 1643 to 1483.

place Louis-Desmoulins (p. 61), le voyageur peut se rendre, par la rue du Plessis, au *château de Plessis-lès-Tours* restes de la demeure où vécut le roi Louis XI, de 1463 à sa mort survenue en 1483.

Non loin, sur les rives de la Loire, le *prieuré de Saint-Côme,* où mourut en 1585 le poète Ronsard, sollicite encore l'attention (restes d'une église romane et d'une église du xve siècle).

Au-delà du fleuve se dresse la fine et élégante silhouette de l'*église Saint-Cyr* (xve siècle), construite à mi-hauteur sur le côteau.

Not far from the Plessis, on the banks of the Loire, the *Prieuré of Saint Côme*, where the poet Ronsard died in 1585, is worth a visit (remains of roman church and ruins of church of xv century).

On the other bank of the river stands the fine outline of the church of *Saint Cyr* (xv century) half way up the hill along the Loire.

LES PRINCIPAUX CHATEAUX DE TOURAINE

Les lignes de **chemins de fer** imposent au voyageur une série d'excursions dont il est difficile de s'écarter :

Ligne de Nantes : Villandry (station de Savonnières), Cinq-Mars-la-Pile, Langeais.

Ligne des Sables : Azay-le-Rideau, Ussé (station de Rivarennes ou halte de Rigny-Ussé), Chinon.

Ligne de Loches : Montbazon, Cormery, Loches, d'où l'on peut, par un chemin de fer d'intérêt local, gagner Montrésor.

Ligne de Vierzon : Bléré, Chenonceau, Montrichard (ruines imposantes d'un donjon construit par Foulques Nerra).

The principal Castles of Touraine

The **railroad lines** offer the traveller a series of excursions, which are, however, difficult to tabulate.

Line of Nantes : Villandry (Savonnières station), Cinq-Mars-la-Pile, Langeais.

Line of Sables : Azay-le-Rideau, Ussé (Rivarennes station, or stop at Rigny-Ussé), Chinon.

Line of Loches : Montbazon, Cormery, Loches, from where you may take a local train for Montrésor.

Line of Vierzon : Bléré, Chenonceau, Montrichard (ruins of the donjon built by Foulques Nerra).

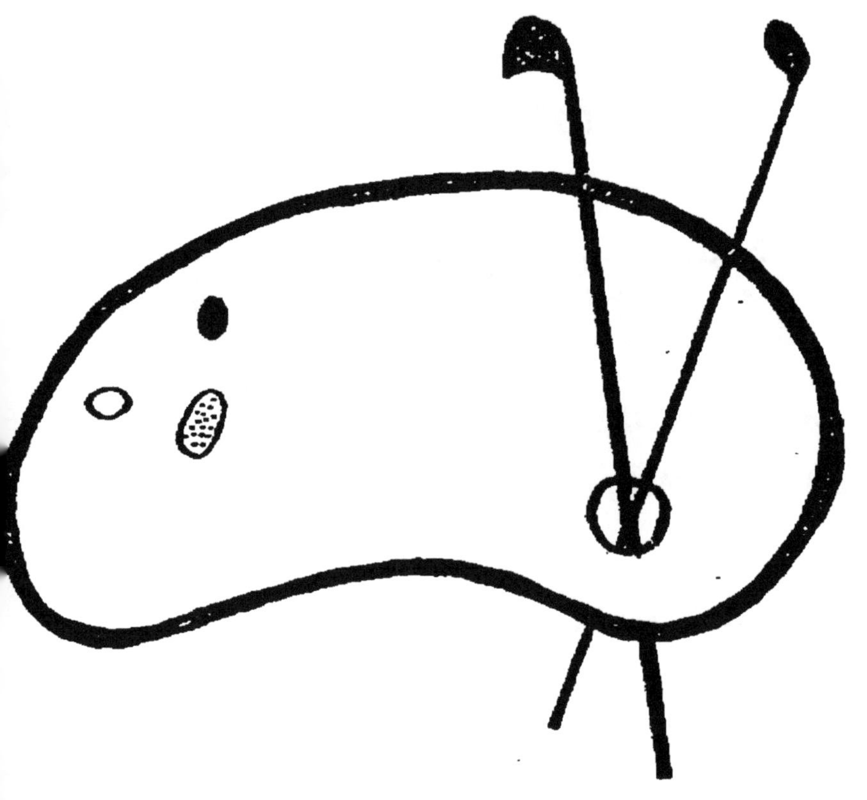

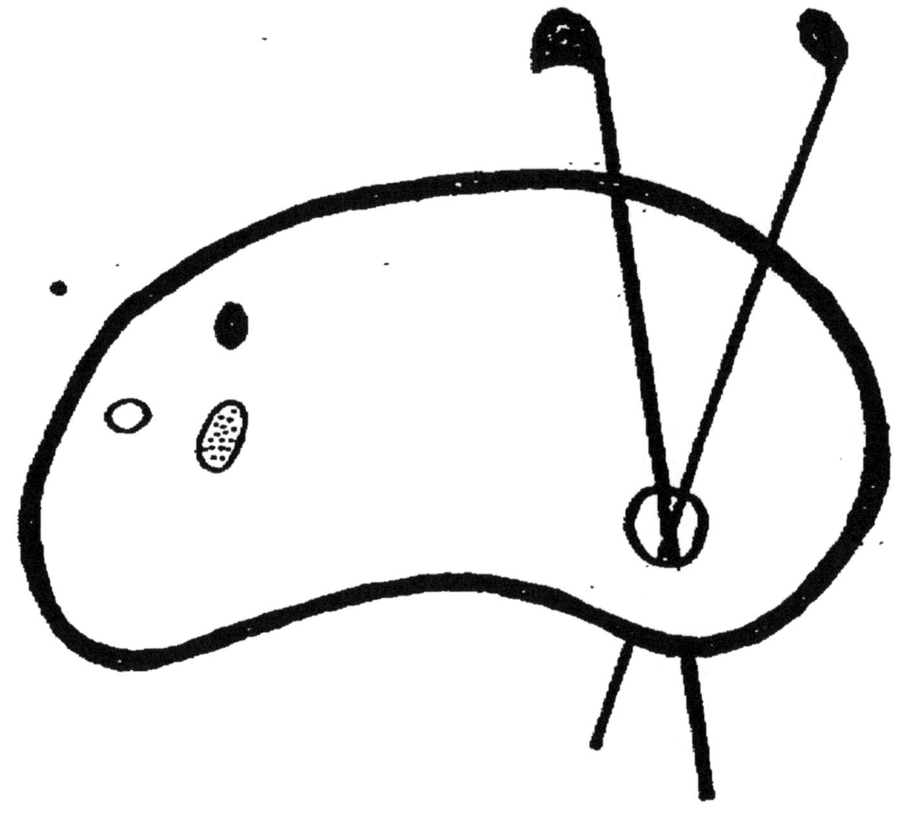

Ligne de Tours à Paris par Orléans : Amboise, puis, par un tramway, Chaumont et Blois.

Tramways de Tours à Luynes : Saint-Cyr-sur-Loire, Luynes.

Tramways de Tours à Vouvray : Marmoutier, Saint-Georges, Rochecorbon, Vouvray.

Les excursions en **automobile** aux principaux châteaux de Touraine seront utilement groupées de la manière suivante :

Première excursion : Saint-Cyr-sur-Loire, *Luynes* (p. 70), Cinq-Mars-la-Pile, *Langeais* (p. 74) ; — passage sur la rive gauche de la Loire au pont suspendu de Langeais et retour par la Chapelle-aux-Naux, *Villandry* (p. 79), Savonnières, Tours.

Deuxième excursion : Par Joué-lès-Tours, Ballan, *Azay-le-Rideau* (p. 84) ; — puis, par la Chapelle-de-Cheillé, Cheillé et Rivarennes, *Ussé* (p. 94) ; — de là, par Huismes, *Chinon* (p. 89) ;

Line from Tours to Paris via Orléans : Amboise ; thence, by street car, Chaumont and Blois.

Street cars from Tours to Luynes : Saint-Cyr-sur-Loire, Luynes.

Street cars from Tours to Vouvray : Marmoutier, Saint-Georges, Rochecorbon, Vouvray.

Automobile excursions to the principal castles of Touraine are conveniently grouped as follows :

First excursion : Saint-Cyr-sur-Loire, *Luynes* (p. 70), Cinq-Mars-la-Pile, *Langeais* (p. 74) ; — going by the left bank of the Loire to the suspension bridge at Langeais, and returning by la Chapelle-aux-Naux, *Villandry* (p. 79), Savonnières, Tours.

Second excursion : By Joué-lès-Tours, Ballan, *Azay-le-Ride* (p. 84) ; — thence by la Chapelle-de-Cheillé, Cheillé and Rivarennes, *Ussé* (p. 94) ; — from there, by Huismes, *Chinon* (p. 89) ;

— retour par la forêt de Chinon, la route qui avant d'atteindre Azay-le-Rideau se dirige vers Saché, Pont-de-Ruan, Artannes, Monts, Joué et Tours.

Troisième excursion : Par Cormery et Chambourg, *Loches* (p. 99) ; — puis, Beaulieu, la forêt de Loches, la chartreuse du Liget, *Montrésor* (p. 66) ; — retour par Chemillé-sur-Indrois, Genillé, Saint-Quentin, Chédigny, Azay-sur-Indre, Reignac, Courçay, Cormery ; — au sortir de cette localité bifurquer sur Esvres et Montbazon, Tours.

Quatrième excursion : Par Saint-Symphorien, Sainte-Radegonde, Rochecorbon, Vouvray, *Amboise* (p. 104) ; — de là, à

Montrésor.
Castle of xvi century.

— return by the forest of Chinon, which route, before reaching Azay-le-Rideau, takes the direction towards Saché, Pont-de-Ruan, Artannes, Monts, Joué and Tours.

Third excursion : By Cormery and Chambourg, *Loches* (p. 99) ; — thence, Beaulieu, the forest of Loches, Liget valley, *Montrésor* (p. 66) ; — return by Chemillé-sur-Indrois, Genillé, Saint-Quentin, Chédigny, Azay-sur-Indre, Reignac, Courçay, Cormery ; — on leaving that locality take the direction Esvres and Montbazon, Tours

Fourth excursion : By St-Symphorien, Ste-Radegonde, Rochecorbon, Vouvray, *Amboise* (p. 104) ; — from there, through the forest, go to Civray and *Chenonceau* (p. 109) ; — return by Ci-

travers la forêt, gagner Civray et *Chenonceau* (p. 109) ; — retour par Civray, La Croix, et, en traversant le Cher, Bléré, Azay-sur-Cher, Véretz, Larçay, Saint-Avertin.

Les voyageurs qui auraient eu le loisir de visiter les environs de Tours pendant leur séjour en cette ville et qui se dirigeraient sur Blois, peuvent combiner cette dernière excursion d'autre manière :

Par Saint-Avertin, Larçay, Véretz, Azay-sur-Cher, Bléré, La

Château de Blois : façade Louis XII.
Castle of Blois (department of Loir-et-Cher) : front Louis XII.

vray, La Croix, and in crossing the Cher, Bléré, Azay-sur-Cher, Véretz, Larçay, St-Avertin.

The travellers who have time to visit the neighbourhoods of Tours while visiting that town and who go in the direction of Blois, can make that last excursion in the following manner :

By St-Avertin, Larçay, Véretz, Azay-sur-Cher, Bléré, La Croix,

Château de Chaumont.

Castle of Chaumont (department of Loir-et-Cher, xv century) : general view.

Croix, Civray, *Chenonceau* ; — de là gagner directement *Amboise* par Civray et la forêt ; ou bien, de Chenonceau, par Chisseaux et Chissay, se rendre, à Montrichard, visiter les ruines du *donjon* construit par Foulques Nerra ; — de Montrichard rejoindre *Amboise* par la forêt ; — d'Amboise, en suivant le cours de la Loire, gagner *Chaumont* (p. 68), *Cheverny* ; — à travers la

---

Civray, *Chenonceau* (p. 109) ; — from there go directly to *Amboise* (p. 104) by Civray and the forest ; or from Chenonceau by Chisseaux and Chissay, go to Montrichard, visit the ruins of the *donjon* built by Foulques Nerra ; — from Montrichard arrive at *Amboise* by the forest ; — from Amboise, in going along the side of the Loire, go to *Chaumont* (p. 68), *Cheverny* and

forêt de Russy rejoindre *Blois* (p. 67), et de là se rendre à *Chambord* (p. 69).

Château de Chambord : vue d'ensemble.

Castle of Chambord (department of Loir-et-Cher, xvi century) : general view.

through the forest of Russy, arriving at *Blois* (p. 67), from there go to *Chambord* (p. 69).

Luynes : vue intérieure.

Castle of Luynes : from left to right : house of XVII century, house of XV century, North rampart.

LUYNES

Arrond. de Tours, cant. de Tours-Nord, à 11 kilom. de Tours. — *Station de tramways* : ligne de Tours à Luynes et Fondettes.— *Route nationale* n° 152 de Briare à Angers : traverser la Loire et prendre, au sortir du pont de pierre, la route qui, sur la gauche, longe le cours du fleuve. — *Visite :* tous les jours après-

---

Luynes

Tours-Northern district, 11 km. from Tours. — *Car station :* Tours to Luynes and Fondettes Line.

National road n° 152 from Briare to Angers : cross the Loire and from the stone Bridge, take the road which runs to the left along the bank of the river.

Visitors are allowed into the quadrangle (the inside of the

midi (on ne visite pas l'intérieur) ; un cicerone accompagne les voyageurs qui désirent faire l'ascension des remparts est et nord.

De longues années durant, cette localité fut désignée sous le nom de *Maillé*. Son château était le siège d'une baronnie importante de Touraine.

Gelduin de Saumur est le premier seigneur de Maillé dont l'histoire ait conservé le nom. Celui-ci, vers l'an 1030, donna Maillé à l'un de ses chevaliers nommé Gosbert, qui fut le fondateur de la famille des Maillé dont le nom s'est conservé jusqu'à nous.

Parmi les membres les plus célèbres de cette famille, il faut citer : Gilbert, archevêque de Tours, mort en 1128; la bienheureuse Jeanne-Marie de Maillé (1338-1414).

Au début du XVIe siècle, Maillé passe par alliance dans la famille de Laval.

Charles d'Albert, connétable de France, se rend acqué-

---

château is private) and a cicerone will guide them over the East and North ramparts.

For a long time, this place was called Maillé. Its château was the seat of an important Barony in Touraine.

The first Lord of Maillé was a certain Gelduin, from Saumur. This noble man alloted Maillé to his servant Gosbert, who was the founder of the ancient Maillé whose family name is still extant.

Among the most celebrated members of this family we will quote : Gilbert, an archbishop of Tours, died in 1128; blessed Jeanne Mary of Maillé (1338-1414).

At the beginning of the XVI century, Maillé was transferred by marriage to the Laval family.

Charles d'Albert, Lord High Constable of France, became

reur du domaine au commencement du XVIIe siècle. En faveur de celui-ci, Louis XIII, en 1619, érige la terre de Maillé en duché-pairie sous le nom de *Luynes*.

La famille de Luynes a conservé jusqu'à nos jours, à travers les vicissitudes des temps, le château qui fut le berceau de son nom.

Bien que privé d'une partie de ses remparts et des défenses

Escalier d'accès au château.

Luynes : Stairs for entrance to castle.

---

the possessor of the Estate in the beginning of the XVII century. In behalf of this nobleman Louis XIII converted the Maillé Estate into a dukedom with the title of peer of the Kingdom under the name of *Luynes*.

The Luynes family still possesses, in spite of the changes

accessoires indispensables à toute forteresse, le château a encore fort grand air : sa masse assise sur le rocher domine la ville ; les tours massives du couchant lui donnent un aspect redoutable, cependant qu'un logis du xve siècle, agrandi au commencement du xviie, séduit le visiteur ; de la terrasse, la vue est magnifique sur la ville, la Loire et la vallée. On accède au château par un escalier des plus pittoresques.

---

and vicissitudes of eventful times the same old home which was the cradle of their family.

Though deprived of a part of its walls and of the accessory defences constitutive of any fortress, the castle still has an imposing air. This bulky mass is solidly set on the rock which rises above the town. The heavy towers of the Western front impart to the building an awe inspiring look while the xv century dwelling enlarged at the beginning of the xvii century, is very pleasant to look at. From the terrace the landscape is wonderful, and affords a splendid sight of the town, the Loire and the whole valley. Access to the Castle is gained through picturesque stairs.

Luynes : the towers of West.

Langeais : façade Est.
Castle of Langeais : East front.

LANGEAIS

Arrond. de Chinon, chef-lieu de canton, à 24 kilom. de Tours et à 30 kilom. de Chinon. — *Station de chemin de fer :* ligne de Tours à Nantes (P. O.). — *Route nationale* n° 152 de Briare à Angers : traverser la Loire et prendre, au sortir du pont de pierre, la route qui, sur la gauche, longe le cours du fleuve. — *Visite :* tous les jours (l'entrée a lieu seulement toutes les demi-

---

Langeais

The town of Langeais (the chief town of a canton) belongs to the District of Chinon. It is situated 24 kilometers from Tours and 30 kilometers from Chinon. — *Railway station :* Railway line from Tours to Nantes. — *National road* n° 152 from Briare to Angers : cross over the Loire, and at the further end of the stone Bridge take the road which runs to the left along the bank of the river. — *May be seen* every day (admission every half hour),

heures), de 9 heures à 11 heures et de 13 heures et demie à 18 heures du 1er avril au 30 septembre, jusqu'à 16 heures les autres mois (*fermé* du 15 décembre au 15 janvier) ; 1 franc d'entrée (ticket d'entrée à demander au concierge).

Les Gaulois, puis les Romains et les Francs occupèrent tour à tour la pointe du plateau triangulaire bordé par la Roumer et la Loire.

Au IXe siècle, Foulques Nerra, comte d'Anjou, éleva sur un castellum du Ve siècle le donjon rectangulaire dont les ruines dominent encore le côteau. Ses successeurs devenus rois d'Angleterre conservèrent le château jusqu'en 1199, date à laquelle Arthur de Bretagne le remit à Robert de Vitré.

En 1270, les « ville et chastellenie et prévosté de Langès », réunis à la France par le traité de 1258, sont don-

---

from 9 to 11 a. m. and from 1.30 to 6 p. m. from the 1st of April till the 30 of September, and till 4 p. m. during the other months. It is closed from the 15 of December till the 15 of January. Entrance fee : 1 franc; tickets at the porter's.

The Gauls, the Romans and the Franks occupied in turns the spur of the triangular upland bordered by the Roumer and the Loire.

In the IX century, Foulques Nerra, Count of Anjou, erected on a " castellum " of V century, the rectangular keep, the ruins of which still tower above the hill. His successors who became kings of England kept the castle till 1199, at which time Arthur of Brittany delivered it up to Robert de Vitré.

In 1270, the " Town, Castle and Provostship of Langès " were united to France by the treaty of 1258 and alloted

nés par saint Louis à Pierre de la Brosse, sergent royal. Celui-ci ayant été pendu « hault et court », en 1278, à la suite d'un procès politique, le domaine fait retour à la couronne royale qui le conserve jusqu'en 1466.

Les Anglais occupèrent de nouveau la forteresse en 1427, et, de là, exercèrent de terribles ravages dans toute la contrée ; mais cette tyrannie fut de courte durée, car, en 1441, Charles VII, ayant réparé les ruines accumulées, publiait de Langeais même l'édit de « rédaction des stilles et coustumes de Touraine ».

Dès les premières années de son règne, Louis XI conçut le projet de construire une forteresse nouvelle près de l'ancien château féodal. Jean Briçonnet, trésorier du roi, et Jean Bourré, capitaine des gardes, exécutèrent les ordres de leur maître et élevèrent, à la pointe extrême du

---

by Saint Louis to Pierre de la Brosse, "royal sergeant". The latter having been hanged "high and short" in 1278, after a political trial, the Estate came back to the royal Crown, in whose possession it remained till 1466.

The English occupied the fortress again (1427) and from there they laid waste the whole country ; but their tyranny lasted but a little while, for Charles VII, in 1441, after having repaired the ruins resulting from the English occupation, published from Langeais itself an edict on *The Ways and Customs of Touraine.*

From the very outset of his reign, Louis XI thought of erecting a new fortress near the ancient feudal castle. Jean Briçonnet, the king's treasurer, and Jean Bourré, a captain of the Guards, carried out the orders of their master and on the top of the hill built up the magnificent

côteau, le magnifique édifice que l'on y admire, l'un des types les plus remarquables que nous ayons en France de l'architecture militaire du xve siècle : hautes murailles presque aveugles; au dehors, grosses tours, chemin de ronde, pont-levis et couronne de mâchicoulis.

De 1466 à 1471, François d'Orléans possède Langeais, où Charles VIII épouse, en 1491, Anne duchesse en Bretagne. En 1547, Henri II engage la seigneurie à Bernardin de Saint-Séverin, duc de Somma ; en 1565, Charles IX visite Langeais; et Louis XIII, en 1627.

Au cours des siècles suivants, les divers possesseurs de Langeais sont : la marquise de Verneuil, mère de Catherine d'Entraygues, en 1627 ; le marquis d'Effiat, maréchal de France, en 1631 ; le duc de La Meilleraye, lui aussi maréchal de France ; Hortense Mancini, la nièce de Maza-

---

edifice which we still admire. Indeed, it affords one of the most remarkable types in France of xv century military architecture : lofty ramparts, heavy, bulky towers, a watch way, a draw-bridge and crown of màchicoulis.

From 1466 to 1471, François d'Orléans was the owner of Langeais, where Charles VIII married Anne, Duchess of Brittany, in 1491. In 1547, Henry II pledged the Estate to Bernardin de Saint-Severin, Duke of Somma. In 1565, Charles IX visited Langeais, and Louis XIII, in 1627.

In the course of the next centuries, the divers possessors of Langeais were : the Marchioness of Verneuil, the mother of Catherine d'Entraygues, 1627 ; the Marquis of Effiat, a marshal of France, 1631 ; the Duke of La Meilleraye, a marshal of France also ; Hortense Mancini, the niece of Mazarin ; the marquis of Bellefonds, the husband of Hor-

rin ; le marquis de Bellefonds, mari de la fille d'Hortense Mancini ; en 1768, le domaine est acquis par Albert de Luynes ; en 1797, par M. Moisant qui le cède à M. Budan de Russé ; M. Baron, en 1839 ; puis M. Siegfried, en 1886.

Le château, restauré par ses derniers acquéreurs, enrichi d'une collection d'objets rares et précieux, a été donné par M. Siegfried à l'Institut de France.

---

tense Mancini's daughter. In 1768, the Estate was purchased by Albert de Luynes ; in 1797, by Mr. Moisand who sold it to Mr. Budan de Russé ; in 1839, by Mr. Baron ; finally by Mr. Siegfried (1886).

The château was restored by its last owners and enriched with a collection of a rare and valuable works of Art. It was given by Mr. Siegfried to the " Institute of France ".

Villandry : façade sud-ouest.

Castle of Villandry : South-western front.

VILLANDRY

Arrond. de Tours, canton de Tours-sud, à 17 kilom. de Tours. — *Station de chemin de fer* à Savonnières (3 kilom. : voiture publique à tous les trains, 0 fr. 30) : ligne de Tours à Nantes (P. O.). — *Chemin vicinal de grande communication* n° 7 de Tours à Lignières : suivre l'avenue de Grammont jusqu'à la place de la Liberté (sur la droite), prendre sur la place à gauche la rue Febvotte, à son extrémité tourner sur la gauche pour suivre la

Villandry

Tours district, canton of South Tours, 17 kilometers from Tours.— *Railway station* at Savonnières (3 km. : public carriages meet every train) : railway-line from Tours to Nantes (P. O.). — *Great communication road* n° 7 from Tours to Lignières : follow the avenue de Grammont as far as place de la Liberté : at this Place, on your right, take the rue Febvotte, at the end of it turn to your left and follow the rue Auguste-Chevallier.

rue Auguste-Chevallier ; au sortir de Tours, le voyageur passe le Cher et prend, sur la droite, la première route. — *Visite :* tous les jours (d'avril à octobre), de 9 heures à 18 heures ; prix : 1 franc.

Villandry, longtemps connu sous le nom de *Coulombiers*, était déjà célèbre au XIIe siècle. C'est, en effet, dans le vieux château féodal, auquel appartenait la grosse tour sud actuelle, que la paix fut signée en 1189 entre Philippe-Auguste et Henri II roi d'Angleterre et comte de Touraine.

Coulombiers appartint tour à tour à Jean Savary, Jean de Craon, Louis Chabot seigneurs de la Grève. Henri Bohier, le frère du constructeur de Chenonceau, l'acquit en 1585. François Ier, ayant fait saisir les biens des Bohier, Coulombiers fut adjugé en 1553 à Jean Le Breton, premier secrétaire d'État du Roi, intendant de Blois. Ce dernier

---

On leaving Tours, the traveller crosses the river Cher, and takes the first street to his right. — *Visitors* allowed every day from April till October (9 a. m., 6 p. m.). Admittance : 1 franc.

This magnificent castle was formerly known by the name of " Coulombiers " and was already renowned in the XII century. It was indeed in the ancient feudal castle, to which belonged the bulky Southern Tower, that a treaty of peace was signed by Philippe Auguste and Henry II King of England and Count of Touraine.

Coulombiers was owned, in turns, by Jean Savary, Jean de Craon, Louis Chabot of " la Grève ", Henry Bohier, a brother of the constructor of Chenonceau. The latter bought it in 1505. Francis I having ordered that the estate of the Boyers be confiscated, Coulombiers was given, in 1553, to Jean Le Breton, the first secretary to

construisit, sur la base de l'ancien château féodal, le château actuel, dans le style de la Renaissance.

François Ier habita Coulombiers et y donna plusieurs chartes. Louis XIII transforma le domaine de Coulombiers en marquisat, en faveur de Balthazar Le Breton; à partir de ce moment le château prit le nom de Villandry.

En 1752, le marquis de Castellane acheta Villandry; voulant obéir aux goûts de son époque, il ferma les galeries à portiques de la cour d'honneur, peignit de fausses

Villandry : façade nord-ouest.
Castle of Villandry : North-western front.

the king and governor of Blois. On the grounds of the ancient feudal castle, Le Breton built up the present Château in Renaissance style.

Francis I resided at Coulombiers where he issued several Charters. Louis XIII changed the Coulombiers property into a marquisate, in behalf of Balthazar Le Breton and from that very time the Château was called Villandry.

The marquis of Castellane bought it in 1752 and according to the taste of the time, the marquis made many changes, such as painting sham windows on the fronts,

fenêtres sur les façades, enleva les meneaux des fenêtres réelles et entoura le pied du château d'une terrasse.

Après la Révolution, Villandry devint la propriété de Joseph Bonaparte, le futur roi d'Espagne, qui le céda à la famille Hainguerlot.

Le propriétaire actuel, le docteur Carvallo, a pu découvrir l'ancienne ordonnance du château, à travers les transformations et les maquillages du XVIIIe siècle. Déjà ce monument a retrouvé le caractère qu'il avait autrefois. La cour d'honneur, avec ses galeries à portiques, ses piliers finement moulurés, ses axes de fenêtres parfaitement ordonnées et bien proportionnées, constitue un ensemble architectural de la plus grande variété. La façade ouest est également remarquable; la base du château, entouré à l'ouest et au nord de douves profondes, pré-

---

removing their mullions from the real windows. He also shut the portico-galleries round the principal court-yard and erected a terrace round the foot of the château.

After the Revolution, Villandry became the property of Joseph Bonaparte, the future King of Spain, who sold it to the Hainguerlot family.

The present owner of the Castle, Dr. Carvallo, has found the ancient plans of the Château and has restored it accordingly. It has now its former aspect. The court of honour with its portico-galleries, its delicately modelled pillars, well proportioned and perfectly disposed windows in the Renaissance style, in short, it constitutes a perfect architectur and offers the most agreeable variety. The base of the Castle which is surrounded North and West with deep moats has a very stately

sente une grande puissance et une grande originalité, grâce à son double talus et à ses magnifiques éperons, qui supportent de jolis balcons Renaissance. Le donjon et la façade sud, entièrement restaurés, ont repris le caractère féodal de la construction primitive.

Dans l'aile gauche du château, M. Carvallo a installé un musée qui comprend des tableaux remarquables de Velasquez, Goya, Zurbarañ, Ribera, Greco, Morales, Pereda, le Titien, et un grand nombre de Primitifs de toutes les écoles. Plusieurs meubles et sculptures et un magnifique plafond hispano-mauresque complètent cette importante galerie.

Du château dépendent de très beaux jardins en terrasse et un parc qui avaient été transformés au commencement du xixe siècle. M. Carvallo les a reconstitués dans leur ancien style.

---

aspect owing to its double slopes, and its splendid spurs which support elegant Renaissance Balconies. The keep and the South front have been entirely restored, and have been given back their former feudal style.

In the left wing, Dr. Carvallo has collected a picture gallery and the tourist may admire remarkable paintings by Velasquez, Goya, Zurbaran, Ribera, Greco, Morales, Pereda, Titian, and many Masters of different schools. This important Gallery is completed by the presence of furniture and sculptures as well as by a hispano-moresque ceiling of a most picturesque effect.

Beautiful terrace gardens which had been transformed in the beginning of the xix century have now been restored to their former style.

Azay-le-Rideau : entrée du château.
Entrance of castle.

AZAY-LE-RIDEAU

Arrond. de Chinon, chef-lieu de canton, à 25 kilom. de Tours et à 21 kilom. de Chinon. — *Station de chemin de fer* (1.500 m. ; omnibus à tous les trains, 0 fr. 50) : ligne de Tours aux Sables-d'Olonne (État). — *Chemin vicinal de grande communication* n° 28 de Tours à Loudun : sortir de Tours par l'avenue de Grammont ; le pont du chemin de fer de la ligne de Bordeaux dépassé, mon-

---

Azay-le-Rideau

Chinon district, a canton chef-lieu, 25 km. from Tours and 21 km. from Chinon. — *Railway station* (1.500 m. from the town ; an omnibus meets every train) : railway line from Tours to Les Sables-d'Olonne (State railway). — *Great communication road* n° 28 from Tours to Loudun : leave Tours by the avenue de Grammont ; on the other side of the railway viaduct, go to

ter à droite la côte qui conduit au sommet du plateau ; prendre, à droite, la première route qui conduit à Joué-lès-Tours (5 kilom.), Ballan (10 kilom.) et Azay-le-Rideau. — *Visite :* tous les jours, de 9 heures à 17 heures, d'avril à octobre ; de 10 heures à 16 heures, de novembre à mars ; un ciceroné accompagne les touristes.

Au cours du moyen âge, le domaine d'Azay fut tour à tour possédé par les comtes de Touraine et par ceux d'Anjou.

Au XIIe siècle, un seigneur du nom de Ridel ou Rideau occupe le fief d'Azay et lui donne son nom Azay-le-Rideau.

Le maréchal de Boucicaut, les familles de Sancerre, de Chabot, de Clermont, les de Bueil sont successivement les

---

the right up the slope to the top of the hill and take, always to the right, the road which leads to Joué-lès-Tours (5 km.), Ballan (10 km.) and Azay-le-Rideau. — *Admittance* : every day from 9 a. m. till 5 p. m. from April till October, from 10 a. m. till 4 p. m. from November till March. A guide is in attendance for tourists.

During the Middle Ages, the Azay Estate was the successive property of the Counts of Touraine and Counts of Anjou.

In the XII century a nobleman called de Ridel (or Rideau) owned the Azay's fee or *fief*, and gave it his own name, Azay le Ridel or le Rideau.

Marshal Boucicaut, the Sancerre, Chabot and Clermont families, the de Bueil, successively were the masters of Azay fortress during the XIV and at the beginning of the XV centuries.

maîtres de la forteresse d'Azay pendant le XIVe siècle et au début du XVe.

Durant les troubles de la guerre de Cent Ans, le château acquit une certaine importance : il tenait sous son contrôle la route de Tours à Chinon, alors ville royale.

En 1418, le dauphin Charles, se rendant à Chinon, assiège la forteresse et la fait démanteler; mais, vers 1460, les calamités du temps obligent à la construction d'une nouvelle enceinte terminée en 1466.

A cette époque se place un fait d'importance capitale : Jean Berthelot, trésorier de la Maison du roi, achète le domaine des mains de Jacques de Bueil. En 1461, Martin Berthelot, fils de Jean, hérite du château. Dans l'esprit de celui-ci naît le projet, aussitôt mis à exécution, de rem-

---

The Château was, doubtless, designed to survey the road from Tours to Chinon. This situation procured the fortress a certain importance during the troubled times of the " Hundred Years " War.

In 1418, Dauphin Charles VII, on his way to Chinon, besieged the fortress and caused it to be dismantled; but about 1460, the calamities of the times rendered necessary the building of a new wall which was completed in 1466.

At that time, a fact of great importance took place. Jean Berthelot, the Treasurer of the King's House, bought the Estate from Jacques de Bueil. In 1461, Martin Berthelot, John's son, inherited the Château and the new owner thought of changing the medieval fortress into a manor house in the XV century taste and style. This plan was carried out without delay.

placer la forteresse médiévale par un manoir dans le goût du xve siècle.

L'œuvre à peine ébauchée, Martin Berthelot disparaissait (1498), laissant à son fils, Gilles Berthelot, le soin de parfaire l'entreprise.

Alors s'élevait, dans le style de la Renaissance, cette œuvre merveilleuse dans laquelle tout est à admirer : le site, la façade sur la cour d'honneur, les tourelles d'angle, l'escalier prodige de grâce et d'élégance. Les détails sont dignes de l'ensemble : pinacles, tympans, fenêtres à meneaux et lucarnes. L'entrée avec sa double porte est une véritable broderie; consoles, baldaquins, statuettes et arabesques sont remarquables.

Alors que le seigneur d'Azay pouvait espérer jouir en paix du fruit de son travail, un coup terrible le frappait.

But the work was at its start when Martin Berthelot died (1498), leaving to his child, Gilles Berthelot, the care of completing his plan.

Then, the wonderful work rose of Renaissance in all its perfection, a work in which all is to be admired: the site, the front on the court-yard, the angle turrets, the staircase, the latter a model of elegance and grace. The details, pinnacles, tympans, mullions, or garret-windows are beautiful features. The double gate entrance looks like true embroidery; the consols, canopies, small statues and arabesques are remarkable.

And at the very moment when the master of Azay could expect to enjoy the fruit of his labour, a terrible blow was dealt him. Involved in the disgrace of Semblançay, his relative, Gilles Berthelot who had taken refuge in Lorraine,

Enveloppé dans la disgrâce du surintendant Semblançay, son parent, et réfugié en Lorraine, Gilles Berthelot apprenait que ses biens avaient été confisqués par François Ier et donnés à Antoine Raffin, dit Potton, capitaine des gardes.

Après Antoine Raffin, le château passa aux familles de Cossé, de Saint-Gelais et de Vassé; cette dernière le posséda presque jusqu'à la fin du règne de Louis XV.

En 1791, au début de la Révolution, la terre d'Azay est achetée par le marquis de Biencourt dont les héritiers la conservent jusqu'aux premières années du xxe siècle.

En 1905, l'État se rend acquéreur du château et décide d'y installer un Musée de la Renaissance.

---

was informed that all his estates had been confiscated by Francis I's orders and alloted to Antoine Raffin, called Potton, a captain of his Guards.

After Antoine Raffin, the Château became the property of the de Cossé, de Saint-Gelais and de Vassé families. The latter owned it till nearly the end of Louis XV's reign.

In 1791, at the outset of the Revolution, the Azay Estate was bought by the marquis of Biencourt whose heirs kept it till the beginning of the xx century.

In 1905, the State purchased the Château and decided to establish there a Museum of the Renaissance art.

Chinon : vue d'ensemble du château.
General view of Castle.

CHINON

Sous-préfecture, chef-lieu d'arrond., à 46 kilom. de Tours. — *Station de chemin de fer :* ligne de Tours aux Sables-d'Olonne (État). — *Chemin vicinal de grande communication* n° 28 de Tours à Loudun : sortir de Tours par l'avenue de Grammont; le pont du chemin de fer de la ligne de Bordeaux dépassé, monter à droite la côte qui conduit au sommet du plateau ; prendre, à

Chinon Castle

Sub-prefecture, district or arrondissement chef-lieu, 46 km. from Tours. — *Railway station :* railway line from Tours to Les Sables-d'Olonne (State Railway). — *Great communication road* n° 28 from Tours to Loudun. : leave Tours through the avenue de Grammont; when the railway viaduct has been crossed, turn to the right up the hill, and take the first road to the right

droite, la première route qui conduit à Joué-lès-Tours (5 kilom.), Ballan (10 kilom.), Azay-le-Rideau (25 kilom.) et, en traversant la forêt, aboutit à Chinon. — *Visite* (sonner au pavillon de l'Horloge) : tous les jours, de 9 heures à 18 heures, sous la conduite d'un gardien ; entrée : 0 fr. 50 ; dimanches et fêtes, visite gratuite des jardins, de 13 heures à 19 heures.

On fait remonter l'origine du château de Chinon jusqu'à la première moitié du ve siècle : à cette époque, en effet, un fort existait déjà au sommet de la colline, œuvre des Romains ou des Wisigoths. Ces derniers le possédaient encore lorsque Ægidius vint les y assiéger inutilement, en 463, et ils le gardèrent jusqu'à la défaite d'Alaric, en 507.

Clovis en devient alors le maître et le transmet à ses successeurs qui le conservent jusqu'à Charles III le Simple. A cette époque, Thibaut, comte de Blois, com-

---

which leads to Joué-lès-Tours (5 km.), Ballan (10 km.), Azay-le-Rideau (25 km.) and, after crossing the forest, ends at Chinon. — *To visit :* Ring the bell at the Clock Pavilion. *Admittance :* every day from 9 a. m. till 6 p. m. ; a guide will attend. Admittance free : 0fr.50; Sundays and holidays visitors are admited to the gardens free from 1 to 7 p. m.

As early as the first half of the v century, at the top of the hill just above Chinon, a strong hold existed, built either by the Romans or by the Wisigoths. The latter, at least, held this fortress when Œgidius came in 463 to besiege them, quite uselessly; and they kept it till the defeat of Alaric in 507.

Clovis then became the master of the country and handed down the fortress to his successors, who kept it till Charles the Simple's times. At this very time, Thibaut,

mande la forteresse qu'il transforme et agrandit ; ses héritiers l'occupent jusqu'en 1044.

Ennemis séculaires des comtes de Blois, les comtes d'Anjou s'emparent, à cette date, du château qui reste en leur pouvoir, même après leur arrivée au trône d'Angleterre, jusqu'en 1205.

Au début du XIIIe siècle, Philippe-Auguste confisque Chinon sur Jean sans Terre et réunit le domaine à la Couronne.

Comme maintes forteresses du moyen âge, le château servit de prison d'État. Parmi les prisonniers de marque qui y furent enfermés il faut surtout citer Jacques Molay, grand-maître des Templiers.

Sous Philippe-Auguste, puis sous Charles VII, Chinon devient une véritable place d'armes, redoutable pai sa po-

---

count of Blois, commanded the fortress which by his orders was enlarged and transformed. His heirs occupied it till 1044.

The Counts of Blois were the open foes of the Counts of Anjou who succeeded then in taking the Castle, and they kept it until 1205, long after the Counts of Anjou had become kings of England.

At the beginning of the XIII century, Philippe Auguste confiscated Chinon after having taken it from John Lackland and adopted the Estate to the Crown property.

Like many fortresses of the Middle Ages, the Château was used as a State prison. Among the prisoners of mark who were detained there, we must, above all, mention Jacques Molay, the Grand Master of the Templars Knights' order.

Under Philippe Auguste, and later under Charles VII,

sition naturelle et par les défenses qui l'entourent. Le château est composé de trois forteresses aux puissantes murailles, que des douves larges et profondes séparent fort nettement : le château Saint-Georges, entièrement rasé à la hauteur du sol; le château royal, dont subsistent encore des restes intéressants; enfin le château du Coudray.

C'est là que vint, au début de son règne, se réfugier Charles VII, si amèrement appelé le « roi de Bourges »; c'est là que Jeanne d'Arc vint apporter au prince défaillant le réconfort de son bras, pour « bouter hors l'Anglais ». Au milieu des ruines, on montre encore la salle où Jeanne, entre tous les gentilshommes, désigna le roi, la chapelle où elle pria, et la tour qui durant quelques heures fut son logis.

Les successeurs de Charles VII vinrent à maintes re-

Chinon became a fortified place, which was redoubled, both for its natural situation and the defences which surrounded it. The Castle is composed of three fortresses with powerful ramparts and deep moats which cut it off from the surrounding country.

Of these three Castles, Saint George's is quite razed to the ground, the Royal Castle still shows interesting remnants, and the Château du Coudray is the third of the series.

It was in this very place that Charles VII, in the beginning of his reign, took refuge from the invaders. It was there that Joan of Arc brought him the help of her splendid faith and confidence, and assured him that she was to "*bouter hors les Anglais*", to drive the English away. Among the ruins, one may see the hall in which Joan pointed out the king amidst all his lords. One may see

prises à Chinon, que Louis XI se plut à embellir. Des gouverneurs commandaient entre temps pour le roi; parmi ceux-ci il faut citer l'historien Philippe de Comines.

Chinon, resté domaine royal jusqu'en 1631, fut aliéné à cette époque et acheté par le cardinal de Richelieu, dont les héritiers le conservèrent jusqu'à la Révolution. Chinon n'est plus alors qu'un simple comté : c'est l'heure de l'abandon, prélude de la décadence et de la ruine.

Quelques essais de restauration, qu'il faut hautement louer, ont heureusement tenté, ces dernières années, de conserver à notre Touraine ces restes d'un glorieux passé.

---

also the chapel where she used to pray and the tower which was her shelter for a few hours.

Charles VII's successors frequently visited Chinon and Louis XI especially was pleased to embelish the Castle. Governors were appointed to command the fortress in the King's name, and one among them deserves special mention, he was the historian Philippe de Comines.

Chinon remained Crown property until 1631, at which time it was sold and bought by cardinal Richelieu whose heirs kept it until the Revolution. Chinon was henceforth nothing more than a simple county, it was then abandoned and fell to decay and ruin.

Attempts of restoration which deserve high praise have been happily made, during recent years, to preserve the remnants of a glorious past.

Ussé : vue d'ensemble du château.
General view of Castle.

USSÉ

Commune de Rigny-Ussé, arrond. de Chinon, canton d'Azay-le-Rideau, à 39 kilom. de Tours, 12 kilom. de Chinon et 14 kilom. d'Azay-le-Rideau. — Desservi par les *stations de chemin de fer* de Saint-Benoît (4 km. 500), Rivarennes (4 kilom.), et la halte de Rigny-Ussé (5 kilom.) : ligne de Tours aux Sables-d'Olonne (État). — *Chemin vicinal de grande communication* n° 7 de Tours

---

Ussé

Rigny-Ussé commune, district of Chinon, canton of Azay-le-Rideau, situated 39 km. from Tours, 12 km. from Chinon and 14 km. from Azay-le-Rideau. — *Railway station* at Saint-Benoît (4 km. 500), Rivarennes (4 km.) and the " stop " of Rigny-Ussé (5 km.) : Tours to Les Sables-d'Olonne line (State). — *High road* n° 7 from Tours to Lignières (through Rivarennes in the direction

à Lignières (en continuant par Rivarennes vers Huismes) (voir l'itinéraire à *Villandry*, page 79). — *Visite* : l'intérieur ne peut être visité que sur autorisation spéciale, à demander à l'avance ; l'extérieur est visible à volonté, ainsi que la chapelle.

Au XIe siècle, le fief d'Ussé, situé [illegible]r le penchant d'un côteau, à quelque distance des bord[illegible] [illegible] l'Indre, avait acquis quelque importance; il appartenait alors à un nommé Gelduin, dit le « diable de Saumur ».

Au XIVe siècle, la terre d'Ussé est entre les mains de la famille de Montejean, puis à celles de Bueil dont on connaît Jean et son fils Antoine de Bueil, amiral de France.

En 1485, Jacques de l'Espinay, dont la famille, originaire de Bretagne, est venue en notre contrée à la suite de la duchesse Anne, achète U[illegible] des mains d'Antoine de Bueil.

---

of Huismes) (for the route, see *Villandry* article, p. 79).— *Visitors* are not allowed inside the château without special leave which should be asked for beforehand. The outside may be visited at will, and the Chapel also.

During the XI century, the Ussé fief, situated on the declivity of a hill, not far from the banks of the Indre, had acquired some renown; it then belonged to a certain Gelduin, styled the " Saumur Devil ".

In the XIV century, the Ussé Estate belonged to the de Montejean family, then to the de Bueils of which family we know Jean and his son Antoine de Bueil, an admiral of France.

In 1485, James de l'Espinay whose family originated from Brittany and who came to our country with Anne de Bretagne's retinue, bought Ussé from Antoine de Bueil.

Le nouveau seigneur résolut de remplacer l'antique manoir féodal par un château digne de l'époque et de ses goûts artistiques. Les constructions sont groupées autour d'une cour intérieure dont elles garnissent les quatre côtés. Elles ont fort grand air avec leurs hautes murailles, leurs tours massives (dont une, au sud, de date antérieure, xve siècle), leurs toits aigus, leurs fenêtres et lucarnes à meneaux. L'entrée avait lieu, sur la façade principale, à l'est, du côté de l'arrivée actuelle. La porte, avec son pont-levis, dont on devine les traces, s'ouvrait entre deux tours qui défendaient le passage, au-dessous d'un panneau destiné à porter les armes des seigneurs.

Charles de l'Espinay compléta, en 1538, l'œuvre de son père, par la fondation d'une collégiale, œuvre admirable dans le style du début de la Renaissance.

En 1557, le château passe à la famille de Rieux, puis à

The new landlord resolved to change the antique feudal castle into a château which might be worthy of the times and his artistic taste. The buildings are grouped around an interior yard, the four sides of which are decorated with their elegant masses. They have a rather grand appearance with their lofty walls, bulky towers (one of them dates an earlier time, xv century), sharp roofs and mullioned windows. The entrance was formerly through the principal front, to the East, and the gate with its draw-bridge, some traces of which are seen, opened between two towers protecting their passage under a panel on which were carved the arms of the Lords.

Charles de l'Espinay completed his father's work in 1538 by the foundation of a collegiate, a magnificent work,

celle de Lorraine, enfin à Henri de Savoie, duc de Nemours.

Dans la seconde moitié du xviie siècle, Ussé est érigé en marquisat en faveur des Bernin de Valentinay, officiers de la maison royale. L'un des Bernin épouse Jeanne Le

Ussé : entrée et façade intérieure.
The entrance to the Castle.

the style of which is assigned to the beginning of the Renaissance.

In 1557, the castle was handed over to the de Rieux family, then to that of Lorraine, and last, to Henri de Savoie, Duke of Nemours.

In the second half of the xvii century, Ussé was raised to a marquisate, in favor of the Bernin de Valentinay

Prêtre de Vauban, fille du célèbre maréchal. Et c'est alors que, sous la direction de l'homme d'État, des modifications assez importantes sont apportées à la construction primitive : l'aile du château qui, vers le nord, regardait la rivière, est enlevée; une terrasse imposante est élevée, au haut de laquelle, dès lors, le château se dresse fièrement.

Avant la Révolution, le château appartenait à un prince de Rohan; la tourmente passée, le duc de Duras en devient acquéreur; M. le comte de Blacas en est l'actuel propriétaire.

---

brothers, who were officers in the Royal Household. One of these Bernin married Jeanne Le Prêtre de Vauban, the daughter of the famous Marshal. It was at this time that, under the direction of this great man, rather important modifications were carried out, which all together changed the former disposition of the château. The wing of the Castle which looked on the river to the North was destroyed ; a very imposing terrace was erected and from its top most proudly stands up the noble building.

Before the Revolution, the Estate belonged to a Prince de Rohan... The revolutionary storm being over, the Duke de Duras became its possessor. The Earl of Blacas is the present owner.

Loches : le logis royal.
Castle of Loches : the royal dwelling.

LOCHES

Sous-préfecture, chef-lieu d'arrond., à 41 kilom. de Tours. — *Station de chemin de fer* (omnibus, 0 fr. 30 ; au château, 0 fr. 50) : ligne de Tours à Châteauroux (P. O.). — *Route nationale* n° 143 de Tours à Clermont-Ferrand par Châteauroux : sortir de Tours par l'avenue de Grammont; après avoir dépassé le pont du chemin de fer de la ligne de Bordeaux, monter à droite la côte qui conduit au sommet du plateau ; suivre la route de Bordeaux

---

Loches Castle

A sous-prefecture, district chef-lieu, 41 km. from Tours. — *Railway station* (omnibus 0,30, to the Castle 0,50) : Railway line from Tours to Châteauroux (P. O.). — *National road* n° 143 from Tours to Clermont-Ferrand through Châteauroux : Leave Tours at the end of avenue de Grammont; after having crossed the railway viaduct (Bordeaux line), go to the right, up the hill, follow the Bordeaux road for about 2 km. and take

pendant 2 kilom. environ et prendre, à gauche, la première route qui conduit à Cormery (18 kilom.), Chambourg et Loches. — *Visite :* tous les jours, de 9 heures à 18 heures ; entrée, 0 fr. 50 ; dimanches et jours fériés, 0 fr. 25 (demander les tickets d'entrée au concierge du château, à la sous-préfecture).

L'origine de Loches est fort incertaine ; les écrivains s'accordent, toutefois, pour admettre que, sans doute, les Romains en furent les fondateurs.

Lors de la défaite d'Alaric, en 507, Loches passa sous la domination des rois francs. Au temps de la féodalité, les ducs d'Aquitaine, puis les comtes d'Anjou l'occupèrent successivement.

La collégiale Notre-Dame fut fondée vers 965, par Geoffroy Grisegonelle, comte d'Anjou. A Foulques Nerra est attribuée la construction du donjon, aux premières années

---

the first road to your left to Cormery (18 km.), Chambourg and Loches. — *Admittance :* every day from 9 a. m. till 6 p. m. Entrance fee : 0.50. On Sundays or holidays : 0.25 (entrance tickets from the porter, at the sous-prefecture).

The origin of Loches is quite uncertain. The writers agree, nevertheless, in admitting that the Romans were undoubtedly the founders of the place.

On Alaric's defeat in 507, Loches was transferred to the domination of Frank Kings. During the feudal times the Dukes of Aquitaine, then the Counts of Anjou, were by turns the occupants.

The Collegiate of " Notre-Dame " was founded about 965 by Geoffroy Grisegonelle count of Anjou. To Foulques Nerra was assigned the building of the Castle keep, at the very beginning of the XI century. This building was one

du XIe siècle. Cet édifice fut l'une des forteresses les plus puissantes de l'âge médiéval, grâce à sa hauteur qui lui permettait de surveiller les alentours, à l'épaisseur de ses murailles, aux dimensions de ses salles d'armes, enfin à ses défenses accessoires qui le rendaient presque imprenable.

Loches, resté aux mains des comtes d'Anjou devenus rois d'Angleterre, fut confisqué par Philippe-Auguste sur Jean sans Terre condamné par ses pairs et déclaré déchu du trône.

Pendant le long séjour que les rois firent sur les bords de la Loire, Loches fut une de leurs résidences préférées. Charles VII, Louis XI, Charles VIII, Louis XII, François Ier, Henri II et Charles IX non seulement y habitèrent, mais encore ils l'embellirent et augmentèrent considérablement son château.

---

of the strongest fortresses of the Middle Ages, on account of its height (which allows a survey over the whole neighbourhood), the thickness of its walls, the dimensions of its guard-rooms, and last, of the number of its minor defences which rendered it nearly impregnable.

Loches having remained in the possession of the counts of Anjou, when they became kings of England, was confiscated by Philippe Auguste from John Lackland, condemned by his own peers and proclaimed he had forfeited his rights to the throne.

During the long sojourn of our kings on the banks of the Loire, Loches was one of their favorite residences. Charles VII, Louis XI, Charles VIII, Louis XII, François I, Henry II and Charles IX not only lived there, but embellished and greatly enlarged the castle.

A cette époque, une vaste enceinte, entourée d'un double rang de murs crénelés, et une ligne de fossés profonds défendent l'accès de la forteresse. A l'intérieur, trois parties bien distinctes : d'une part, le donjon et ses défenses; d'autre part, le logis royal (aujourd'hui sous-préfecture); enfin, au milieu, l'église collégiale.

Les souterrains du donjon servirent de prison d'État durant de longues années : le plus connu des infortunés qui en furent les hôtes obligés fut le duc de Milan Ludovic Sforza. En 1789, on montrait encore, dans l'une des tours, la cage de fer où, par ordre du roi Louis XI, fut enfermé le cardinal La Balue.

Après le départ de la Cour les rois se souvinrent quelque temps de Loches : Catherine de Médicis y séjourna, de même que Henri IV. Mais l'oubli se fit rapidement, et, avec lui, l'abandon.

At that time an extensive enclosure, surrounded by a double row of embattled walls and a line of very deep moasts, defended the access to the fortress. Inside the pile there are three distinct parts : first, the keep and its defensive works, then the royal dwelling (to-day the Sous-Préfecture), and last, in the middle, the Collegiate.

The underground dongeons in the keep were used for State prisons for many years. The most famous of the unfortunate men who were the constrained guests of this underground recess was the Duke of Milan Ludovic Sforza. In 1789 there was still to be seen in one of the towers the iron cage in which Cardinal La Balue was locked up, by orders of king Louis XI.

After the Court had left, the kings of France remem-

De nos jours, pour les services de la sous-préfecture, on s'est efforcé de restaurer le logis royal et de lui rendre son caractère primitif. La partie la plus intéressante date du règne de Louis XII. On peut y voir l'oratoire d'Anne de Bretagne, fort curieux, tout semé d'hermine et de cordelières sculptées; tout près se trouve la tour qui renferme le tombeau d'Agnès Sorel, longtemps abrité sous les coupoles de la collégiale.

Quelques travaux de restauration récemment entrepris sauvegardent l'existence de ce qui reste du donjon et de l'antique forteresse.

---

bered Loches for a while. Catherine de Médicis sojourned there, so did Henri IV. But oblivion came quickly, indifference, abandon and neglect with it.

In our times, while fitting up the offices of the Sous-Prefecture, some attempt was made towards a restoration of the royal dwelling and giving it back its former aspect.

The most interesting part dates from the times of Louis XII. One may still see the Oratory of Anne de Bretagne, a very curious chapel adorned with ermines and knotted ropes carved in the stone. Close by is the tower which contains the grave of Agnès Sorel, the monument of which was for a long time sheltered under the domes of the Collegiate.

Some work of restoration recently carried out will preserve the keep and what remains of the ancient fortress.

Amboise : vue générale.
General view of Castle of Amboise.

AMBOISE

Arrond. de Tours, chef-lieu de canton, à 23 kilom. de Tours. — *Station de chemin de fer* (omnibus, 0 fr. 30) : ligne de Tours à Paris par Orléans (P. O.). — 1° *Route nationale* n° 152 de Briare à Angers, par Rochecorbon et Vouvray : passer la Loire et, à l'extrémité du pont de pierre, tourner sur la droite pour suivre la levée nord en remontant le cours du fleuve ; 2° *Chemin vici-*

Amboise

Tours District, canton chef-lieu, 23 km. from Tours. — *Railway station* (omnibus fare 0.30) : Railway line from Tours to Paris through Orléans (P. O.). — 1° *National road* n° 152 from Briare to Angers, through Rochecorbon and Vouvray : Cross the Loire and at the end of the stone Bridge, turn to your right so as to follow the North bank up stream ; 2° *High road* n° 30

nal de grande communication n° 30, par Montlouis : place des Arts, avant le pont de pierre, tourner sur la droite, suivre le quai d'Orléans et, au sortir de la ville, la levée sud en remontant le cours du fleuve. — *Visite:* tous les jours, de 9 h. 30 à midi et de 13 heures et demie à 18 heures ; un cicerone accompagne les visiteurs (rétribution *ad libitum*).

A une époque inconnue, les Gaulois s'établirent à la pointe du côteau qui sépare la dépression de l'Amasse de la vallée de la Loire; ils y élevèrent un camp retranché protégé à l'est par un fossé profond et défendu par des tours.

Les Romains conquirent plus tard le plateau ; à leur séjour se rattache, affirme la légende, la construction des immenses souterrains appelés « greniers de César ».

Puis apparurent les Barbares, Wisigoths et Francs : en 504,

---

through Montlouis : place des Arts, before reaching the stone Bridge, turn to your right, follow the Quai d'Orléans and leaving the town behind, follow the South bank up stream. — *Admittance :* every day from 9.30 a. m. till 12 and from 1.30 till 6 p. m. A guide is in attendance (contribute).

According to the Chronicles, the Gauls settled on the spur of the hill between the depression of the Amasse and that of the Loire. There they pitched an entrenched camp which, to the East, was protected by means of a deep moat and defended by towers.

Later the Romans occupied the whole hill and to them are attributed the immense underground works to which legend has given the name of " Cæsar's Lofts ".

Then the Wisigoth and Frank Barbarians made their appearance. In 504, Clovis and Alaric signed in Saint

Clovis et Alaric signent, dans l'île Saint-Jean, un traité d'alliance qui fixe les limites de leurs États.

Les Normands détruisent, en 880, le château qui est reconstruit presque aussitôt.

En 1002, Foulques Nerra hérite de la seigneurie d'Amboise et, lors de son départ pour la Terre Sainte, en confie la garde à Lizois de Bazougers. Ce dernier reçoit, plus tard, le domaine en récompense de ses services, et devient le chef de la famille d'Amboise.

Au xve siècle, au cours de la guerre de Cent Ans, le château acquiert une grande importance, et les rois de France désirent ardemment s'en rendre maîtres. Louis d'Amboise, ayant pris parti contre La Trémoille, favori de Charles VII, est emprisonné ; ses biens ayant été saisis, Amboise est incorporé au domaine royal.

Jean Isle a treaty of alliance which fixed the boundaries of their dominions.

In 880 the Northmen destroyed the Castle which was built up again shortly after.

In 1002, Foulques Nerra inherited the " Seigneurie of Amboise ", and, when he started for the Holy Land, he entrusted it to Lizois de Bazougers. A little while later, the latter received the same Estate as a reward for his services and became the chief of the Amboise Family.

During the xv century, in the course of the " Hundred Years War ", the Château acquired great importance and the kings of France attempted to take possession of it by force. As Louis d'Amboise had entered into a conspiracy against La Trémoille, the close companion of Charles VII,

Pendant près d'un siècle et demi, Amboise est alors la résidence favorite de la Cour. Les rois Charles VII, Louis XI, Charles VIII, Louis XII, François Ier embellissent et agrandissent le château-forteresse.

Au cours des règnes suivants, la Cour vint à plusieurs reprises à Amboise : Henri II, en 1554; François II et Marie Stuart, en 1559; en 1560, le complot calviniste de la « Conjuration d'Amboise » donne au château une triste célébrité; en 1562, Charles IX publie d'Amboise son édit de pacification; et Henri III, en 1574, y fonde un collège.

Au XVIIe siècle, le château devient prison d'État : les Vendôme et le surintendant Fouquet en sont les hôtes malheureux.

En 1761, le domaine d'Amboise est donné par Louis XV

---

he was imprisoned, his property confiscated, and Amboise became part of the royal possessions.

For nearly one century and a half, Amboise was the favorite residence of the French Courts. Kings Charles VII, Louis XI, Charles VIII, Louis XII, François I embellished and enlarged the Castle.

During the following reigns, the Court came to Amboise several times. Henry II, in 1554, François II and Mary Stuart in 1559; in 1560 the calvinist conspiracy (" conjuration of Amboise ") imparted gloomy notoriety to the Château. In 1562, Charles IX insued his " pacification edict ", and Henry III, in 1574, founded a " College " there.

During the XVII century, the Château became a State prison in which Vendôme and superintendant Fouquet were imprisoned.

au duc de Choiseul ; puis, il est acheté par le duc de Penthièvre. Après la Révolution, le château est affecté à une sénatorerie dont le bénéficiaire, Roger Ducos, fait raser la plupart des bâtiments pour se dispenser de les entretenir.

Après avoir été restitué, lors de la Restauration, à la duchesse d'Orléans, héritière des Penthièvre, Amboise fut de nouveau confisqué et affecté à l'émir Abd-el-Kader qui y fut détenu de 1847 à 1852.

Rendu à la famille d'Orléans, le château a été l'objet d'une importante restauration ; une maison de retraite y a été établie, en faveur des anciens serviteurs des d'Orléans.

In 1761, the Amboise Estate was given by Louis XV to the Duke of Choiseul ; later on it was bought by the Duke of Penthièvre. Confiscated during the Revolution, the Château was designed to become a Senator's apanage and the beneficiary, Roger Ducos, signalized his possession by tearing down an important part of the building.

It was given back to the Duchess of Orléans as an heiress of the Penthièvre family at the time of the Restoration ; then was once again confiscated and assigned for his residence to the Emir Abd-el-Kader who was confined there from 1847 till 1852.

Given back to the Orléans family, the Château has been greatly restored, and has become a home for old servants of the " d'Orléans " family.

Chenonceau : vue d'ensemble.

Castle of Chenonceau : general view on the river.

CHENONCEAU

Arrond. de Tours, canton de Bléré, à 31 kilom. de Tours et à 7 kilom. de Bléré. — *Station de chemin de fer* (omnibus, 0 fr. 50) : ligne de Tours à Vierzon. — *Route nationale* n° 76 de Tours à Nevers : sortir de Tours par l'avenue de Grammont ; après avoir dépassé le pont du chemin de fer de la ligne de Bordeaux, prendre sur la gauche la route qui se dirige vers Saint-Avertin,

---

The Château of Chenonceau

Tours District, canton of Bléré, 31 km. from Tours, 7 km. from Bléré. — *Railway station* (omnibus 0.50) : Railway line from Tours to Vierzon. — *National road* from Tours to Nevers : Leave Tours by avenue de Grammont ; after having passed the Railway bridge (Bordeaux line), turn to the left road which leads to Saint-Avertin, following the street car lines.— *Admittance :* every

en suivant la ligne des tramways. — *Visite :* tous les jours, de 10 heures à 11 heures et de 14 heures à 16 heures ; entrée, 1 franc (demander les tickets d'entrée au concierge du château, au donjon, à gauche de la grille).

Au XIIIe siècle, Chenonceau est la propriété d'une famille Marques, venue de la Marche ou de l'Auvergne et alliée aux rois de France.

Sous Charles VI, Jean Marques, passé aux Anglais, est défait, sur les rives du Cher, par le maréchal Jean Boucicaut, et son château rasé.

Jean II Marques relève le domaine de ses ruines, construit une nouvelle forteresse et, pour commander le passage du fleuve, édifie dans le lit même un moulin fortifié. Mais, par ses prodigalités, le fils de Jean II compromet irrémédiablement la situation de sa famille : en 1496, le

---

day from 10 till 11 a. m. and from 2 till 4 p. m. Entrance fee : 1 fr. (for entrance tickets apply to the doorkeeper, at the " Donjon ", left of the entrance gates).

In the XIII century, Chenonceau belonged to a family named Marques, from the Marche or Auvergne, and who pretended to be related to the royal family.

Under Charles VI's reign, Jean Marques, who had sided with the English, was defeated on the banks of the Cher by Marshal Boucicaut, and his castle razed to the ground.

Jean II Marques raised the Estate from its utter ruin, uilt up another fortress, and in order to command the passage of the river, erected, in the midst of its bed, a fortified mill, but, owing to his lavishness, John's son quite impaired the situation of his own family, and

seigneur de Chenonceau doit se résigner à voir son domaine passer entre les mains de son principal créancier, Thomas Bohier.

Thomas Bohier, contrôleur général des finances, fit raser le château des Marques, à l'exception de la tour qui s'élevait à l'un des angles et qui subsiste encore de nos jours sous le nom de « donjon ». Le moulin suivit le sort de la forteresse, et sur les piles qui le soutenaient fut bâti le vaste pavillon carré flanqué de tourelles qui constitue la partie principale du château actuel.

Antoine Bohier, fils de Thomas, dut, pour acquitter les dettes de son père envers le Trésor, abandonner Chenonceau au roi François Ier qui en devint acquéreur en 1535.

En 1547, Henri II offre Chenonceau à Diane de Poitiers ; par les soins de Diane Philibert Delorme construit le

---

in 1496, the Lord of Chenonceau was constrained to transfer his Estate to his principal creditor, Thomas Bohier.

Thomas Bohier, a general comptroller of the Treasury, had the castle razed, with the exception of one of the angle towers which still exists under the name of " le Donjon ". The mill had the same fate as the fortress, and on the piles which supported it, the huge square pavilion was erected which on account of its size is the main body of the present château.

To find means of paying the debts his father had contracted with the royal treasury, Antoine Bohier, the son of Thomas, was obliged to sell Chenonceau, and François-I bought it in 1535.

In 1547, Henry II made a present of Chenonceau to Diane de Poitiers. Philibert Delorme, by the orders of Diane,

pont qui réunit la rive gauche du Cher au château de Bohier.

En 1559, à la mort de Henri II, Catherine de Médicis, par ses menaces, oblige Diane à lui céder Chenonceau en échange de Chaumont. Et jusqu'à sa mort la reine-mère ne cesse de construire et d'orner cette résidence qui est son séjour de prédilection : le pont est surmonté d'une galerie à double étage, les servitudes de l'avant-cour sont élevées, Bernard Palissy crée le jardin à rocailles et la fontaine du Rocher. Et des fêtes splendides amènent sur les bords du Cher la Cour éblouie de ce faste et de ces merveilles.

Catherine de Médicis laisse Chenonceau à Louise de Vaudemont, sa bru, qui, à la mort de Henri III, vient chercher, en ce lieu redevenu paisible, le calme et l'apaisement à une douleur qu'elle devait garder jusqu'à sa mort.

---

built up the bridge which connects the left bank of the Cher with the castle of Bohier.

In 1559, at Henry II's death, Catherine de Médicis by her threats obliged Diane de Poitiers to give up Chenonceau to her in return for Chaumont. Then, in the run of thirty years, the mother queen embellished her favorite residence. On the bridge a two storied gallery was erected, the " domes " or outhouses in the front yard were built. Bernard Palissy designed the gardens and the Rock Fount. Splendid rejoicings brought the Court to the banks of the Cher who were dazzled by the pomp and richness of these wonders.

Catherine de Médicis, at her death, bequeathed Chenonceau to her daughter-in-law Louise de Vaudemont who, at Henri III's death, came to that place, which was hence-

Louise de Vaudemont lègue le domaine à sa nièce, en 1601. Chenonceau vient alors, par héritage, aux mains de la famille de Bourbon, puis à celles de Condé.

En 1733, le duc de Bourbon, qui en est propriétaire depuis 1720, vend le château à M. Dupin, fermier général. Rendez-vous des beaux esprits du XVIIIe siècle, Chenonceau reçoit alors Voltaire, J.-J. Rousseau, Fontenelle, Marivaux, Bernis, l'abbé de Saint-Pierre, etc. Mme Dupin, qui pendant la Révolution s'est réfugiée sur les bords du Cher, laisse, en 1799, le domaine à son neveu de Villeneuve.

Le fils de ce dernier, René de Villeneuve entreprit de rendre au château sa physionomie primitive légèrement altérée au cours des siècles. A cette époque, George Sand vint fréquemment visiter le maître du lieu, auquel l'unissaient des liens de parenté.

---

forth restored to quietness, and she was able to enjoy the soothing calm so necessary to her grief.

Louise de Vaudemont bequeathed the Estate to her niece in 1601. The Bourbon family first, and later on the Condé family inherited Chenonceau.

In 1733, the Duke of Bourbon, who had been the Lord of the Estate since 1720, sold the castle to Mr. Dupin, a farmer of the revenue. A resort of the wits of the XVIII century, Chenonceau was visited, in turns, by Vóltaire, J. J. Rousseau, Fontenelle, Marivaux, Bernis, the abbé de Saint-Pierre. Mrs. Dupin who had taken refuge, during the Revolution, on the banks of the Cher, at her death (1799), left the Estate to her nephew de Villeneuve.

René de Villeneuve, the latter's son, attempted to give the Castle its primitive aspect which it had some what lost

En 1864, Chenonceau, mis en vente, fut acheté par le chimiste Pelouze et retrouva un moment un peu de sa prospérité d'antan.

Après avoir été possédé (1891) par un riche Américain, M. Terry, le château appartient à M. Menier depuis 1914.

---

in the long run of centuries. At that very time, George Sand frequently paid visits to the possessor of the château, who was a relative.

In 1864, Chenonceau was put to auction, and bought by the chemist Pelouze; it then regained some of its prosperity.

After having been possessed by a wealthy American, Mr. Therry, the castle of Chenonceau has belonged to Mr. Menier since 1914.

INDICATEUR

Des Rues et Places de la Ville de Tours (*)

Pag.	RUES	COMMENÇANT	FINISSANT
61	Abattoir (av. de l').	q. Port-Bretagne.	barr. de l'Abattoir.
61	Abattoir (de l').	av. de l'Abattoir.	pl. L.-Desmoulins.
41	Abeilles (des).	r. de Paris, 106.	pl. Velpeau, 19.
19	Abraham-Bosse.	r. de l'Elysée, 53.	r. Denis-Papin, 34.
45	Alexandre-Dumas.	r. de Lariche, 10.	r. de Lariche.
	Alfred-de-Musset.	r. d'Alger.	levée du Cher.
19	Alfred-de-Vigny.	av. Grammont, 39.	r. George-Sand, 100
	Alger (d').	r. Christophe-Colomb, 45.	Pépinière viticole
	Alger (d') prolongée	r. d'Alger, 71.	r. Alfred-de-Musset, 13.
45	Alleron.	Marché aux best.	r. de Lariche, 17.
19	Alma (imp. de l').	r. de l'Alma.	
19	Alma (de l').	av. Grammont, 31.	r. Giraudeau (pl. Rabelais, 6).
41	Alsace (d').	r. Deslandes, 88.	r. Jolivet, 07. 2
29	Amandiers (des).	q. d'Orléans, 15.	r. Colbert, 104.
19	Amboise (d').	av. Grammont, 79.	r. James-Cane, 80.
61	André-Chénier.	r. Lamartine, 14.	r. des Oiseaux, 3.
45	André-Duchesne.	r. de Ballan, 8.	r. de la Riche, 7.
45	Arbalète de l').	r. du Change, 7.	r. Henry-Royer, 1.
29	Archambault (pass.).	bd Heurteloup, 144	imp. René-de-Prie.
57	Argentine.	r. Giraudeau.	r. de Chinon.
19	Armand-Rivière.	av. Grammont, 82.	r. Danton.
45	Arsenal (de l').	pl. Gast.-Poillhou.	p. Nic.-Frumeaud
23	Arts (place des).	r. Benj-Constant, 2	q. du Pont-Neuf, 1.
57	Assas (d').	r. du Général-Renault, 60.	r. Grange-à-Martin, 25.
23	Auber.	r. Colbert, 116.	r. de la Tour-de-Guise. 13.
19	Auguste-Comte.	av. Grammont, 28.	r. Blaise-Pascal, 27
57	Auguste-Chevallier.	r. Boisdenier, 206.	pont St-Sauveur.

(*) The numbers placed before the names of streets are the pages where one will find the maps including the streets.

Pag.	RUES	COMMENÇANT	FINISSANT
19	Aumônes (des).	r. Blaise-Pascal, 10.	r. de Nantes, 13.
29	Avisseau.	q. d'Orléans, 52.	boulevard Heurteloup, 114.
23	Babeuf.	r. Emile-Zola, 49.	rue de la Préfecture, 58.
45	Balais (des).	place du Grand-Marché, 15.	rue de la Grosse-Tour, 14.
45	Baleschoux.	r. des Halles, 70.	r. Descartes, 10.
45	Ballan (de).	rue de la République, 8.	r. de la Hallebarde, 8.
23	Balzac (de).	r. des Minimes, 11.	bd Heurteloup, 16.
23	Banchereau.	r. Nationale, 1.	r. Constantine, 16.
29	Barbès.	q. d'Orléans, 33.	r. de la Caserne, 26.
29	Barillet-Deschamps.	r. Mirabeau, 68.	r. René-de-Prie, 57
23	Barre (de la).	r. Colbert, 121.	pl. Emile-Zola, 2.
29	Bazoche (de la).	r. de la Caserne, 1.	r. Montaigne, 10.
40	Beaujardin (de).	r. Christophe-Colomb.	r. de Paris, 155.
59	Beaumont (de).	r. Walvein, 182.	boul. Tonnellé, 56.
23	Beaune (place de).	r. Nationale, 11.	r. du Commerce.
41	Bellanger.	r. de la Fuye, 103.	levée du Canal.
19	Belvédère (du).	r. d'Entraigues, 54.	r. de l'Alma, 37.
23	Benjamin-Constant.	pl. des Arts, 2.	pl. Foire-le-Roi, 1
19	Béranger (boulev.).	pl. du Palais-de-Justice.	pl. Saint-Eloi.
23	Bernard-Palissy.	pl. Emile-Zola, 11.	bd Heurteloup, 26.
59	Berthe.	r. Victor-Hugo, 266	r. Entraigues, 253.
23	Berthelot.	r. Jules-Favre.	r. Voltaire.
45	Besnards (des).	rue André-Duchesne.	r. de la République
19	Blaise-Pascal.	r. de Bordeaux, 39.	r. Galpin-Thiou, 78
29	Blanqui.	r. de la Caserne.	q. du Canal.
41	Blois (de).	r. Christophe-Colomb, 14.	r. de Paris, 69.
45	Bohêmes (des).	r. J.-Charpentier.	r. de Courset, 1.
57	Bois.	r. Aug.-Chevallier.	r. Giraudeau, 150
41	Boileau-Despréaux.	r. Chambert, 25.	r. du Canal, 28.
19	Boisdenier (de).	av. Grammont, 59.	pl. Rabelais, 24.

Pag.	RUES	COMMENÇANT	FINISSANT
45	Boisseau (cité).	r. J.-Charpentier.	
23	Bonde (de la).	q. Paul-Bert, 66.	r. Losserand, 80.
23	Bons-Enfants (des).	r. Président-Merville, 15.	pl. Châteauneuf, 9.
19	Bordeaux (de).	pl. du Palais-de-Justice, 12.	pl. de la Gare, 9.
23	Boucicaut.	r. Marceau, 41.	r. de Jérusalem, 4.
41	Bouilly (de).	r. C.-Desmoulins.	r. Dr-Fournier, 6.
45	Bourde (de la).	pl. des Halles, 21.	r. Léon-Boyer, 34.
45	Bretonneau.	q. de la Poissonnerie, 6.	r. du Grand-Marché, 23.
29	Bretonnerie (de la).	q. d'Orléans, 38.	r. Blanqui, 2.
46	Briçonnet.	q. du Pont-Neuf, 2.	r. du Grand-Marché, 1.
23	Buffon (de).	r. Emile-Zola, 23.	bd. Heurteloup, 24
57	Bugeaud.	bd. Thiers, 60.	r. Febvotte, 80.
45	Caillou (du).	r. des Tanneurs.	q. du Pont-Neuf.
57	Californie (de la).	r. Lakanal, 45.	r. Giraudeau (pl. Rabelais, 12).
41	Camille-Desmoulins.	r. de Paris, 92.	r. Legras, 44.
45	Camp-de-Molle (passage).	r. de République.	r. de Lariche.
41	Canal (du).	r. de la Fuye, 70.	levée du Canal.
29	Canal (levée du).	bd Heurteloup, 191	levée de Rochepinard.
29	Canal (quai du).	r. Blanqui.	boul. Heurteloup.
45	Carmes (place des).	r. Littré, 19.	r. la Lamproie, 4.
45	Carmes (des)	r. P.-L.-Courier, 3	r. Littré.
19	Carnot.	bd. Thiers, 48.	r. Febvotte, 77.
29	Caserne (de la).	r. Lavoisier, 2.	r. Blanqui, 2.
45	Cerisiers (des).	r. Briçonnet, 19.	r. Etienne-Marcel, 16.
19	Chalmel.	av. Grammont, 52.	r. Blaise-Pascal, 73.
41	Chambert.	r. de la Fuye, 50.	r. Plantin, 33.
41	Champ-Joli (du).	r. de Paris, 37	r. de Beaujardin, 20.
45	Champoiseau.	r. de la Bourde, 27.	r. Jules-Charpentier, 113
45	Champoiseau (imp.)	r. de la Bourde, 27	
45	Change (du).	pl. Plumereau.	r. des Halles, 95.

Pag.	RUES	COMMENÇANT	FINISSANT
45	Chanoineau.	p. Gaston Paillhou	boul. Béranger, 30
45	Chanteloup.	r. André-Duchesne, 9.	r. de la Hallebarde, 28.
23	Chaptal.	r. Emile-Zola, 5.	r. de la Préfecture, 16.
23	Chardonnet (pl. du).	rue Marceau, 61	r. de Sully, 13.
45	Charles-Boutard.	r. Léon-Boyer, 15.	r.d. l'Hospitalité, 9
19	Charles-Gilles.	av. Grammont, 6.	r. Blaise-Pascal, 3
57	Charles-Guinot.	r.d'Entraigues, 118	r. Origet, 85.
19	Charles-Martel.	r. Febvotte, 80.	au Ch. de fer.
41	Châteaudun (de).	bd. Heurteloup, 89	r du Rempart, 54.
45	Châteauneuf (de)	pl. du Châteauneuf	pl. du Gd-Marché.
45	Châteauneuf (pl. de).	r. des Halles, 77.	r. de Châteauneuf.
	Cher (levée du).	Octroi Grammont.	Bonde St-François
29	Cheval-Blanc (du).	r. Losserand, 68.	r. Losserand, 74.
57	Chevalerie (de la).	r. de l'Alma, 52.	r. Boisdenier, 89.
45	Chicane (de la).	q. Port-Bretagne, 1	r. de Ballan, 1.
57	Chinon (de).	r.d'Entraigues, 174	r. Boisdenier, 151.
23	Choiseul (place).	Pont de pierre.	bar. de la Tranchée
19	Christophe-Colomb.	r. Raspail, 17.	levée du Cher.
19	Cimier (du).	r. Victor-Hugo, 42	r. d'Entraigues, 47
45	Ciseaux-Dorés.	r. de la Paix.	r. des Tanneurs.
45	Cité Alfred-Mame.	r. de la Bourde.	r. J.-Charpentier.
41	Claude-Bernard.	r. Camille - Desmoulins, 21.	r. des Abeilles, 15
57	Claude-Thion.	r. Boisdenier, 100.	bd. Thiers, 115.
45	Claude-Vignon.	r. Néricault-Destouches, 22.	pl. de la Grandière 12.
23	Cloche (de la).	r. de la Barre, 12.	r. Jul.-Moinaux, 9.
23	Clocheville.	r. Nationale, 49.	pl. Gast.-Paillhou.
19	Cluzel (du).	av. Grammont, 71.	r. Margueron, 25.
23	Cœur-Navré (passage du).	r. Colbert.	pl. Foire-le-Roi.
23	Colbert.	r. Nationale, 14.	r. Lavoisier, 35.
45	Colombier (du).	r. Verte, 3.	r. Walvein, 112.
23	Commerce (du).	r. Nationale, 11.	pl. Plumereau, 1.
57	Condorcet	bd. Marchant-Duplessis, 40.	r. Desaix, 16.
23	Constantine	q. du Pont-Neuf, 9.	r. du Commerce, 49.

Pag.	RUES	COMMENÇANT	FINISSANT
23	Coq (ruelle du).	q. Paul-Bert.	r. Losserand, 67.
23	Cordeliers (des).	r. Colbert, 65.	r. de Scellerie, 36.
23	Corneille.	r. de la Scellerie.	r. Emile-Zola, 22.
45	Courset.	pl. Gast.-Paillhou.	bd Béranger, 45.
41	Coursière.	r. du Canal, 19.	r. Joseph-Barra, 6.
41	Couvrat-Desvergnes.	r. Louis-David.	chantier du Canal.
45	Croc (du).	r. de Lariche.	bd Preuilly.
45	Cuiller (de la).	pl. du Gd-Marché.	r. des Balais, 8.
23	Cygne (du).	r. Colbert, 101.	r. de Scellerie, 52.
45	Dabilly	r. de Lariche, 70.	r. Rouget-de-l'Isle, 43.
45	Dabilly (imp.).	r. Dabilly.	
19	Danton.	av. Grammont, 92.	r. du Hallebardier.
57	Denfert-Rochereau.	bd Marchant-Duplessis, 65.	r. Lakanal, 104.
19	Denis-Papin.	r. Armand-Rivière	r. du Hallebardier.
57	Desaix.	r. du Général-Faidherbe, 27.	r. Auguste-Chevallier, 70.
45	Descartes.	r. des Halles, 72.	r. Néricault-Destouches, 35.
41	Deslandes.	r. C.-Desmoulins.	pl. Jolivet, 1.
41	Deslandes (imp.).	r. Deslandes.	
45	Deslondains	r. Léon-Boyer.	r. Gén -Chanzy.
29	Diderot.	r. Ursulines, 29.	r. Avisseau, 23.
41	Docks (des).	r. de Paris, 34.	r. de la Fuye, 79.
41	Docks (imp. des)	r. des Docks, 37.	Impasse.
41	Docteur-Fournier.	r. de Paris, 130.	Pont du milieu (canal).
19	Docteur-Giraudet.	r. Michel-Colombe	bd Thiers, 5.
19	Dolve (de la).	pl. du Palais-de-Justice, 15.	r. Victor-Hugo, 27.
45	Dorée.	r. de la Lamproie.	r. de la Paix.
41	Dublineau.	bd Heurteloup, 67.	r. d. Guetteries, 1.
41	Dublineau (pl.).	r. Dublineau, 12.	
19	Duportal.	r. Michelet, 90.	r. Blaise-Pascal, 37
	Dupuytren.	r. Jean-Bart, 1.	r. Turenne, 1.
29	Ecluse (pl. de l')	levée du Canal.	r. du Rempart, 158.
41	Edgar-Quinet.	r. du Dr-Fournier.	r J.-de-la-Fontaine
19	Elysée (de l').	av. Grammont, 80.	r. du Hallebardier
23	Emile-Zola (pl.)	r. de la Scellerie, 101.	r. Lavoisier, 58.

Pag.	RUES	COMMENÇANT	FINISSANT
23	Emile-Zola.	r. Nationale, 64.	pl. Emile-Zola, 7.
19	Entraigues (d').	av. de Grammont, 5.	bd Tonnellé, 50.
	Espérance (de l').	r. Henri-Martin.	r. Jacob-Bunel.
19	Estelle.	r. George-Sand, 91.	r. de la Chevalerie, 24.
57	Etienne-Dolet.	r. Victor-Hugo, 218.	r. Entraigues, 217.
45	Etienne-Marcel.	r. des Tanneurs, 26.	r. du Gd-Marché, 33.
23	Etienne-Pallu.	r. Nationale, 75.	r. Marceau, 80.
45	Eugène-Suë.	r. des Tanneurs.	r. du Gd-Marché, 41.
45	Eugène-Sue (pas.)	r. Eugène-Suë.	r. du Petit-St-Martin, 4.
19	Eupatoria.	av. Grammont, 55.	r. George-Sand.
	Exploitation (ch. de l').	r. Henri-Martin.	av. de Grammont.
19	Febvotte.	av. de Grammont, 115.	r. Auguste-Chevallier, 102.
57	Fénelon.	bd Marchant-Duplessis, 55.	r. Lakanal, 92.
29	Fleury (de).	pl. du Quatorze-Juillet.	pl. Grégoire.
23	Foire-le-Roi (pl.).	q. d'Orléans, 10.	r. Colbert, 70.
23	Fouquets (des).	r. Marceau, 39.	r. de Jérusalem, 2
19	Fournier (passerelle).	r. Blaise-Pascal.	r. de Paris.
57	François-Arago.	r. Giraudeau, 19.	r. Walvein, 142.
29	François-Clouet.	r. des Ursulines, 13.	r. René-de-Prie.
57	François-Richer.	r. Giraudeau, 21.	bd Tonnellé
59	François-Richer (imp.)	r. Franç.-Richer.	
45	Frédéric-Sauvage.	bd Preuilly, 13.	r. de Lariche, 51.
59	Fromentel (de).	r. Auguste-Chevallier, 102.	pass. à niveau St-François.
57	Fromont.	r. Victor-Hugo, 181.	r. Entraigues, 183.
41	Fuye (de la).	bd Heurteloup, 131.	r. de Paris, 200.
41	Fuye (imp. de la).	r. de la Fuye, 78-80	Impasse.
19	Galpin-Thiou.	av. de Grammont, 74.	r. Bl.-Pascal, 115.
57	Galilée.	r. Lakanal, 125.	r. Aug.-Chevallier.
23	Gambetta.	r. Nationale, 61.	r. Clocheville, 12.

Pag.	RUES	COMMENÇANT	FINISSANT
19	Gare (place de la).	bd Heurteloup, 29.	r. de Bordeaux, 40, et r. du Rempart, 2.
19	Gare (rue de la) ou Charles-Gilles.	av. de Grammont, 6.	r. Blaise-Pascal, 3.
29	Gare du Canal (quai de la).	r. Blanqui, 114.	bd Heurteloup, 144
45	Gaston-Paillhou (place).	r. de la Bourde, 1.	r. Chanoineau et de Courset.
19	Gay-Lussac.	r. Febvotte, 40.	au chemin de fer.
45	Gazomètre (du).	r. de Lariche, 40.	bd Béranger, 61.
57	Général-Cavaignac.	r. du Cluzel, 60.	bd Thiers, 69.
61	Général-Chanzy.	bd Preuilly, 32.	r. du Colombier, 25 *bis*.
57	Général-Faidherbe	bd Marchant-Duplessis, 15.	r. Giraudeau, 120.
41	Général-Jeannin.	r. du Rempart, 109.	Impasse.
19	Général-Kléber.	r. Jacob-Bunel, 45	r. Charles-Martel.
29	Général-Meusnier.	pl. Grégoire, 2.	r. Manceau, 13.
57	Général-Renault.	r. Carnot, 57.	bd Tonnellé, 64.
19	George-Sand.	bd Béranger, 22.	bd Thiers 47.
19	George-Sand (pas.).	r. George-Sand, 119	r. de Metz, 18.
57	Georget	bd Béranger, 106.	r. de l'Alma, 111.
57	Giraudeau.	pl. St-Eloi.	r. Bois, 30.
23	Godet (du).	r. Marceau, 17.	r. du Président-Merville, 12.
41	Gonier.	r. du Rempart, 63.	r. des Docks, 80.
19	Grammont (aven. de).	pl. du Palais-de-Justice, 23.	octroi de Grammont.
45	Grandière (de la).	r. Rabelais, 2, et imp. Rabelais.	bd Béranger, 29.
45	Grandière (pl. de la).	r. de la Grandière, 1.	r. Néricault-Destouches, 32.
45	Grandière (imp.).	r. de la Grandière, 10.	r. de Clocheville, 28 *bis*.
45	Grand-Marché (du).	pl. Plumereau, 13.	pl. de la République, 12.
45	Grand-Marché (place du).	r. du Grand-Marché, 32.	pl. des Halles, 16.

Pag.	RUES	COMMENÇANT	FINISSANT
57	Grange-à-Martin.	r. Marat.	r. Aug.-Chevallier.
19	Grécourt.	av. de Grammont, 38 *bis*.	r. Blaise-Pascal, 27.
19	Grécourt (imp.).	r. Bl.-Pascal, 44.	
29	Grégoire-de-Tours (pl).	r. Fleury, 1.	r. Racine, 1.
45	Grille (de la).	r. Eugène-Sue, 25.	rue des Quatre-Vents, 28.
23	Groison (de).	q. Paul-Bert, 5.	r. Losserand, 3.
45	Grosse-Tour (de la).	r. du Grand-Marché, 64.	pl. des Halles, 4.
41	Guetteries (des).	r. Dublineau, 9.	r. des Docks, 54.
29	Gutenberg.	r. Mirabeau, 90.	bd Heurteloup, 114.
45	Haies (des).	r. des Tanneurs.	r. des Cerisiers. 15.
45	Hallebarde (de la).	q. Port-Bretagne, 5.	pl. de Lariche, 1.
19	Hallebardier (du).	r. Galp.-Thiou, 71.	av. Grammont, 94.
23	Halles (des).	r. Nationale, 3.	pl. du Gd-Marché.
45	Halles (place des).	r. la République.	r. des Halles, 98.
19	Henri-Martin.	r. Febvotte, 32.	r. Rivoli, 33.
	— prolong.	r. H.-Martin, 76.	r. Rivoli, 33.
	— (imp.).	av. de Grammont.	r. Henri-Martin.
45	Henri-Royer.	r. de l'Arbalète, 8.	r. de Châteauneuf.
19	Heurteloup (boulev.).	pl. du Palais-de-Justice.	levée du Canal.
41	Heurteloup (imp.).	bd Heurteloup, 50.	impasse.
57	Hoche.	bd Thiers, 50.	r. Febvotte.
23	Hôpiteau (de l').	r. des Amandiers.	r. de la Tour-de-Guise, 1.
59	Hospice général.	bd Tonnellé.	r. Walvein.
59	Hospitalité (de l').	r. Léon-Boyer, 23.	pl. L.-Desmoulins.
45	Houx (des).	rue Rouget-de-l'Isle, 32.	r. de la Bourde, 28.
57	Inkermann.	r. du Cimier, 3.	r. Jehan-Foucquet.
19	Jacob-Bunel.	r. Febvotte, 59.	Chemin de fer Etat
23	Jacobins (des).	q. d'Orléans, 13.	r. Colbert, 80.
23	Jacobins (pass. des).	pl. Foire-le-Roi.	rue des Jacobins.
29	Jacquart.	q. Paul-Bert, 41.	r. Losserand, 5.
57	James-Cane.	bd Thiers, 101.	r. Boisdenier, 80.
45	Jeanne-d'Arc.	r. Rabelais, 2.	r. Clocheville, 29
57	Jean-Bart.	r. du Général-Renault, 26.	r. Grange-à-Martin, 13.

Pag.	RUES	COMMENÇANT	FINISSANT
29	Jean-Goujon.	r. de Loches, 1.	r. Gutenberg, 6.
45	Jean-J.-Rousseau.	r. Champoiseau, 15.	r. Léon-Boyer, 34.
41	Jean-J.-Noirmant.	r. Rempart, 91.	Mag. du IXe corps.
45	Jeanne-d'Arc.	r. Rabelais, 2.	r. Clocheville, 29.
45	Jean-Macé.	r. de Lariche, 80.	r. Rouget-de-l'Isle
57	Jehan-Foucquet.	bd Béranger. 62.	r. de l'Alma, 61.
41	Jenson.	r. C.-Desmoulins.	r. des Abeilles, 6.
23	Jérusalem (de).	r. des Halles, 60.	r. Néricault-Destouches 17.
41	Jolivet.	bd Heurteloup, 175	pl. Jolivet, 1.
41	Jolivet (place)	r. de Paris, 278.	r. Jolivet, 26.
41	Jolivet (imp.).	r. Jolivet.	
41	Joseph-Barra.	r. de la Fuye, 92.	r. Legras, 17.
59	Joué.	rue Gén.-Renault.	r. Fromentel 19.
45	Joulins (des)	r. de la Paix.	r. Briçonnet.
19	Jourdan.	av. Grammont, 79.	r. Laponneraye, 84
45	Jules-Charpentier.	pl. Gaston Pailhou, 29.	pl. St-Eloi.
23	Jules-Favre.	r. Colbert, 19.	r. la Scellerie, 16.
	Jules-Ferry.	r. Henri-Martin.	av. de Grammont.
41	Jules Grévy	r. de la Fuye, 60.	r. Boileau-Despréaux, 3.
23	Jules-Moinaux.	r. Colbert, 127.	pl. Emile-Zola, 2
23	Jules-Simon.	pl. Emile-Zola, 17.	bd Heurteloup, 36
	Jules-Verne.	av. Grammont.	r. Henri Martin
45	Julien-Leroy.	r. des Halles, 86.	r. Rapin, 3.
41	La Bordère.	r. Raspail, 30.	r. Scheurer-Kest.
57	Lakanal.	r. Entraigues, 106.	r. Grange-à-Martin
45	Lamartine	r. Léon-Boyer, 7.	place Louis-Desmoulins, 10.
45	Lamproie (de la).	r. des Tanneurs	r. du Commerce, 87.
45	Laplace.	r. Rouget-de-l'Isle, 48.	r. Philippe-Lebon
19	Laponneraye.	r. Eupatoria, 16.	bd Thiers, 35.
45	Lariche (place de .	r. de la Hallebarde, 28.	r. Alleron, 24.
45	Lariche (placis de).	q. Port-Bretagne.	r. de Ballan, 1.
45	Lariche (de).	pl. République, 7.	r. Léon-Boyer, 12.
41	La Tour-d'Auvergne.	r. de Paris, 150.	Levée du Canal.
23	Lavoisier.	q. d'Orléans, 23.	pl. Emile-Zola, 14.
45	Ledru-Rollin.	pl. Nic.-Frumeaud	r. Walvein, 76.

Pag.	RUES	COMMENÇANT	FINISSANT
41	Legras.	r. du Canal, 29.	r. la Tour-d'Auvergne, 86.
45	Léon-Boyer.	bd Preuilly, 24.	pl. St-Eloi.
29	Lepelletier.	r. Avisseau, 86.	bd Heurteloup, 134.
19	Liberté (pl. de la).	av. Grammont, 111.	bd Thiers et r. Febvotte.
23	Littré.	q. du Pont-Neuf, 6.	r. du Commerce, 81
29	Lobin.	r. des Ursulines, 23.	r. René-de-Prie.
40	Loches (de).	rue Jean-Goujon (Parc Mirabeau), 2.	bd. Heurteloup, 90
41	Loiseau-d'Entraigues (pl.).	bd. Heurteloup, 101.	r. du Rempart, 88
45	Longue-Echelle (de la)	r. Châteauneuf, 28.	pl. Gd-Marché, 36.
23	Losserand.	r. de Groison, 1.	r. de la Bonde, 2.
41	Louis-Blanc.	r. Febvotte, 71.	au ch. de fer Etat.
41	Louis-David.	r. Jolivet, 254.	chemin de fer.
61	Louis-Desmoulins.	bd Preuilly, 43.	r. l'Hospitalité, 41.
23	Lucé (de).	r. la Scellerie, 25.	r. Emile-Zola, 6.
41	Madagascar.	r. de la Fuye, 51.	r. J.-J.-Noirmant.
45	Madeleine (de la).	bd Preuilly, 4.	r. de Lariche, 5
23	Maillé (de).	r. Constantine, 11.	r. P.-L.-Courier, 4.
45	Mame (Cité).	r. la Bourde, 26.	r. J.-Charpent, 93.
29	Manceau.	r. Racine, 1.	r. du Gal-Meusnier.
23	Manège (impasse).	r. Nationale, 12.	Cas. de passage.
57	Marat.	r. Grange-à-Martin	chemin de fer.
19	Marceau.	r. du Commerce.	bd Béranger, 1.
57	Marchant-Duplessis (boul.).	r. de Boisdenier, 112	r. Gal-Renault, 68.
57	Margueron.	r. de Boisdenier.	bd Thiers 203.
19	Marignan.	r. des Minimes, 13.	bd Heurteloup, 10.
29	Maures (des).	q. d'Orléans, 26.	r. la Caserne, 2.
59	Merlusine.	r. de Beaumont, 4.	r. Gal-Renault, 297
57	Metz (de).	r. Boisdenier, 62.	bd Thiers, 83.
19	Michelet.	r. Bordeaux, 13.	r. Parmentier, 18.
19	Michelet (pl.).	av. Grammont. 36.	r. Michelet, 53.
19	Michel-Colombe.	av. Grammont, 120	bd Thiers, 69.
23	Minimes (des).	r. Nationale, 88.	r. de Buffon, 29.
19	Miquel (place).	r. Miquel, 5.	
19	Miquel.	bd. Thiers, 32.	r. Febvotte.
29	Mirabeau.	q. d'Orléans, 45.	bd Heurteloup, 106
	Molière.	av. Grammont, 117	r. Henri-Martin, 7.
23	Monnaie (de la).	r. Prés.-Merville, 5	r. du Change, 2.
29	Montaigne.	r. Blanqui, 1.	r. de la Basoche, 6.

Pag.	RUES	COMMENÇANT	FINISSANT
19	Montbazon (de).	av. Grammont,108	r. Saint-Just, 23.
41	Montesquieu.	r. de la Fuye, 138.	r. Deslandes, 31.
23	Moquerie (de la).	pl. Foire-le-Roi, 5.	r. Colbert, 54.
41	Moreau-Mégy.	r. Edg.-Quinet, 18	r. de la Fuye, 153.
57	Morier (du).	r. Auguste-Chevallier, 46.	r. Desaix, 33.
45	Mûrier (du).	r. Briçonnet, 27.	r. Bretonneau, 18
19	Nantes (de).	r. de Bordeaux, 43.	r. des Aumônes, 8.
23	Nationale.	pl. des Arts.	pl. du Palais-de-Justice.
23	Néricault-Destouches.	r. de Clocheville, 6	pl. Gast.-Paillhou
45	Nicolas-Frumeaud (place).	r. Léon-Boyer, 54.	
23	Nicolas-Simon (imp.).	r. Jules-Simon, 12	
19	Nioche.	r. Raspail, 45.	r. de Blois, 28.
29	Nouveau-Calvaire.	r. du V.-Calvaire.	barr. du Calvaire.
61	Oiseaux (des).	r. Lamartine, 8.	r. l'Hospitalité, 15.
45	Orfèvres (des).	r. Commerce, 102.	r. la Monnaie, 19.
19	Origet.	av. Grammont, 19.	r. de Chinon, 7.
57	Origet (imp.).	r. Origet, 69.	
23	Orléans (quai).	pl. des Arts, 4.	q. du Canal.
45	Paix (de la).	q. du Pont-Neuf, 8	r. Commerce, 91.
19	Palais - de - Justice (place du).	r. Nationale, 88.	av. Grammont, 1.
23	Panier-Fleuri (du).	r. des Bons-Enfants, 6.	r. des Halles, 75.
19	Paris (de).	r. du Rempart, 1. (Pl. de la Gare).	octroi St-Avertin. (levée du Cher) (Rochepinard).
19	Parmentier.	av. Grammont, 64.	r. Blaise-Pascal.
19	Pasteur.	r. Chalmel, 53.	r. Parmentier, 32
23	Paul-Bert (quai).	pl. Choiseul.	barr. de Vouvray.
23	Paul-Louis-Courier.	q. du Pont-Neuf, 11	r. Commerce, 69.
41	Pellerault (imp.)	r. du Rempart, 49.	r. des Docks (pass).
19	Perdriau (imp.).	r. Febvotte.	
41	Perron (du).	r. Deslandes, 58.	r. Legras, 95.
29	Petit-Cupidon.	r. Blanqui, 15.	r. Ursulines, 20.
45	Petit-Faucheux (du).	r. des Tanneurs, 26	r. des Cerisiers, 21

Pag.	RUES	COMMENÇANT	FINISSANT
45	Petit-Gars (du)	r. de Ballan, 8.	r. Chanteloup, 8
29	Petit-Pré (du).	r. des Ursulines, 9	bd Heurteloup, 6
45	Petit-St-Martin (du).	r. des Tanneurs, 40	r. Gd-Marché, 55.
23	Petit-Soleil (du).	r. Président-Merville, 7	r. du Change, 4.
45	Philippe-Lebon.	r. Laplace, 5.	r. des Houx, 8.
	Pierre-Curie.	av. de Grammont.	r. Henri-Martin.
45	Pigeon-Blanc.	bd Preuilly, 13.	r. de Lariche, 55
19	Pinaigrier.	r. Entraigues, 40.	r. de l'Alma, 31.
59	Plailly.	r. Fr.-Arago, 16.	r. Plat-d'Etain, 38
41	Plantin.	r. du Rempart, 109	levée du Canal.
41	Plantin (imp.).	r. Plantin, 6.	
59	Plat-d'Etain (du).	pl. Rabelais.	r. Walvein.
19	Plâtrière (imp.).	r. de Paris, 28.	impasse.
45	Plumereau (p.).	r. Commerce, 91.	r. Grand-Marché, 1
45	Poirier (du).	r. Briçonnet, 33.	r. Bretonneau, 24.
45	Poissonnerie (de la).	r. de la Paix, 1.	pl. des Tanneurs.
45	Poissonnerie (q. de la)	r. de la Paix, 1.	r. la République, 1.
23	Pont-Neuf (q. du).	pl. des Arts, 21.	r. de la Paix, 2.
29	Port-Barillet (du).	q. Paul-Bert.	r. du V.-Calvaire.
45	Port-Bretagne (q.).	q. Poissonnerie, 18	bd Preuilly, 1.
29	Port-Feu-Hugon (du)	q. d'Orléans.	r. Blanqui, 3.
29	Porte-Rouline.	r. Gén.-Meusnier.	r. des Ursulines, 2
23	Préfecture (de la).	r. Nationale, 74.	r. Bern.-Palissy, 1
23	Préfecture (pl. de la).	r. de Buffon.	r. de la Préfecture
23	Président-Merville.	r. Commerce, 78.	r. des Halles, 69.
45	Champ-de-Mars.	bd Preuilly, 6.	pl. de Lariche, 3.
45	Preuilly (boul.).	q. Port-Bretagne.	pl. L.-Desmoulins
29	Psalette (de la).	r. de la Caserne, 15	pl. Grégoire, 4.
45	Puits (du).	q. Poissonnerie.	r. des Cerisiers.
23	Quatorze-Juillet (pl.).	r. Jules-Moinaux.	r. Lavoisier, 47.
19	Quatre-Septembre.	r. Chalmel, 24.	r. Blaise-Pascal, 65
45	Quatre-Vents (des).	r. Tanneurs, 42.	r. Gd-Marché, 63.
57	Rabelais (pl.).	r. Giraudeau, 88.	r. du Plat-d'Etain et de Boisdenier
45	Rabelais.	pl. la Grandière.	pl. Gaston-Paillhou, 26.
45	Rabelais (impasse).	pl. la Grandière.	
29	Racan.	q. d'Orléans.	r. Blanqui.
29	Racine.	pl. Grégoire, 4.	r. la Caserne, 25.
23	Ragueneau	pl. des Arts.	r. du Commerce, 3

Pag.	RUES	COMMENÇANT	FINISSANT
45	Rapin.	r. Descartes, 5.	pl. Gast.-Paillhou.
19	Raspail.	r. du Sanitas, 4.	Chemin de fer.
19	Rempart (du).	r. de Paris, 10.	Canal (pl. de l'Écluse).
41	Renan.	bdHeurteloup,163.	impasse.
29	René-de-Prie.	r. Avisseau, 14.	bd Heurteloup, 134
29	René-de-Prie (imp.).	r. René-de-Prie.	levée du Canal
41	Représentant-Baudin (du).	r. de la Fuye, 108.	imp. Viala, 2.
45	République (de la).	q. Port-Bretagne.	pl. des Halles, 5.
45	République (pl. de la).	r. Gd-Marché, 67.	r. de Lariche, 1.
23	Richelieu.	r. Nationale, 23.	r. Marceau, 16.
	Rivoli.	av.Grammont,117.	r. Henri-Martin, 43
29	Roche-Mardon.	r. Losserand, 62.	r. Losserand, 62.
	Rochepinard (levée de).	oct. Grammont.	octroi St-Avertin.
19	Rocher.	r. Febvotte, 51.	r. Carnot, 64.
23	Ronsard.	r. N.-Destouches.	mailChardonnet, 3
45	Rôtisserie (de la).	r. du Change, 3.	pl. Gd-Marché, 6.
45	Rouget-de-l'Isle.	pl. des Halles, 5.	r. Léon-Boyer, 42.
	Saint-Antoine.	r. Marat.	impasse.
45	Saint-Eloi (pl.).	r. J.-Charpentier.	bd Béranger, 128.
23	St-François (pass.).	r. Nationale, 42.	r. Jules-Favre, 15.
	Saint-Germain.	r. Marat.	
23	Saint-Julien (pass.)	r. Colbert, 22.	r. Voltaire, 9.
19	Saint-Just.	r. Hallebardier, 20.	r. la Traction, 16.
41	Saint-Lazare (imp.).	r. Blaise-Pascal.	
45	Saint-Lidoire.	pl. de la République, 1.	r. And.-Duchesne.
29	Saint-Pierre (place).	r. Blanqui, 97.	r. René-de-Prie, 2.
57	San-Francisco.	r. Lakanal, 57.	r. Margueron, 3.
19	Sanitas (du).	r. Blaise-Pascal, 115	av. Grammont, 158.
19	Sanitas (imp.).	r. du Sanitas, 34.	
23	Scellerie (de la).	r. Nationale, 50.	pl. Emile-Zola, 1.
19	Scheurer-Kestner.	r. Raspail, 18.	r. La Bordère.
57	Sébastopol.	bd Béranger, 46.	r. de l'Alma, 45.
19	Sentier (du).	r. Victor-Hugo, 26.	r. d'Entraigues, 25.
57	Sergent-Bobillot (du).	r. Boisdenier, 106.	bd Thiers, 131.
45	Serpe (de la).	pl. Grand-Marché, 45.	r. de la Grosse-Tour, 26
45	Serpent-Volant (du).	r. Gd-Marché, 48.	r. des Balais, 7.
29	Simon (petite rue).	q. d'Orléans.	r. Blanqui, 54.
23	Singe-Vert (du).	r. Tour-de-Guise, 4	r. Lavoisier, 8.
57	Strasbourg (pl. de).	bd Thiers.	r. du Génl-Renault

Pag.	RUES	COMMENÇANT	FINISSANT
23	Sully (de).	r. N.-Destouches.	pl. du Chardonnet.
45	Tanneurs (des).	r. P-L. Courier, 1.	r. République, 3.
45	Tanneurs (car des).	q. Poissonnerie.	r. d. Tanneurs, 41.
45	Tête-Noire (de la).	bd Preuilly, 12.	r. de Lariche, 43.
19	Thiers (boul.).	pl. la Liberté, 13.	r. Giraudeau, 124.
61	Tonnellé (boul.).	pl. Louis-Desmoulins.	r. Fromentel (bar. St-François).
23	Tour-de-Guise (de la).	quai d'Orléans, 22	r. Colbert, 130.
41	Tour-d'Auvergne.	r. de Paris, 150.	levée du Canal.
19	Tourlet.	r. Raspail, 41.	r. de Blois, 26.
19	Traction (de la).	av. Grammont, 136	r. St-Just, 9.
28	Traversière.	r. Jules-Simon, 26	bd Heurteloup 106
45	Trois-Canettes.	bd Preuilly.	r. Lamartine, 13.
45	Trois-Ecritoires.	pl. Gd-Marché, 53.	pl. des Halles, 4.
23	Trois-Pavés-Ronds.	r. Châteauneuf, 20	r. des Halles, 103.
45	Trois-Tours (des).	r. de Lariche, 51.	bd Preuilly, 12.
41	Trousseau.	pl. Velpeau, 17	r. Dr-Fournier, 24.
57	Turenne.	r. Général-Renault, 10.	r. Grange-à-Mart.
45	Urbain-Grandier.	r. Tanneurs, 51.	r. Poissonnerie, 14
29	Ursulines (des).	pl. Emile-Zola, 17.	r. Blanqui, 43.
57	Valmy (de).	r. James-Cane, 49.	r. Claude-Thion, 40
41	Velpeau (pl.).	r. C.-Desmoulins.	r. de la Fuye, 103.
19	Vendée (de la).	r. Charles-Gilles.	r. Blaise-Pascal, 23
57	Verte.	r. Giraudeau, 5.	r. Walvein, 116.
41	Viala.	r. Joseph-Barra.	r. du Représent.-Baudin, 37.
41	Viala (imp.).	r. du Représent.-Baudin, 37.	
19	Victor-Hugo.	pl. Pal.-de-Justice.	bd Tonnellé, 30.
29	Vieux-Calvaire (du).	r. du Nouveau-Calvaire, 1.	r. de l'Hermitage (Octroi).
29	Vieux-Pont (du).	q. Paul-Bert, 56.	r. Losserand, 73.
19	Violettes (imp. des).	r. Michelet.	
23	Voltaire.	q. d'Orléans, 6.	r. Colbert, 40.
61	Walvein.	bd Preuilly, 40.	r. de Beaumont, 2.
59	Walvein (imp.).	r. Walvein.	

4495. — Tours. — Imprimerie E. Arrault et Cie.

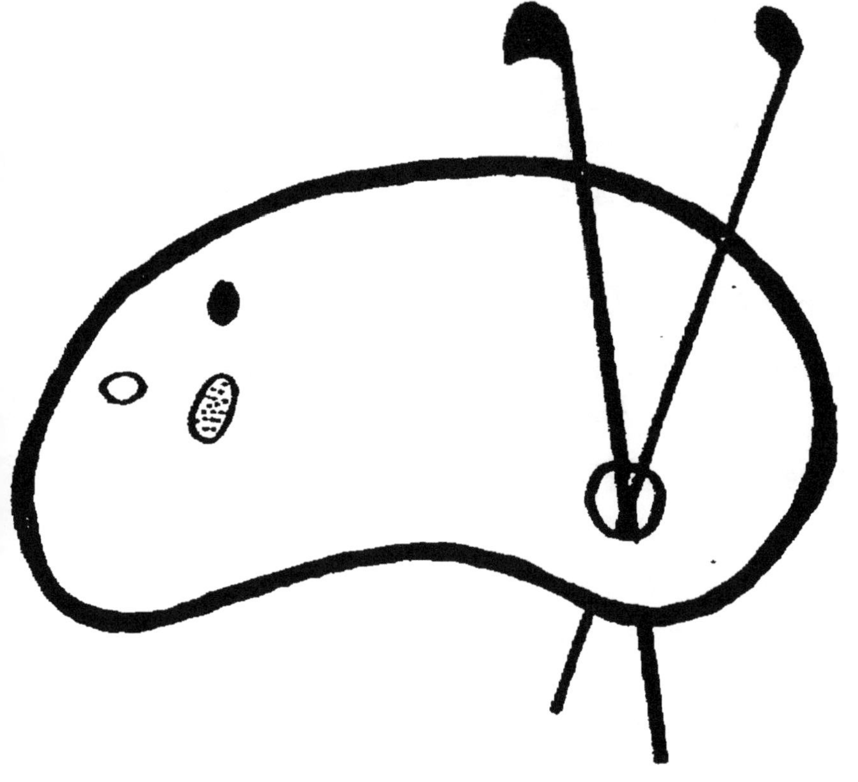

DEBUT D'UNE SERIE DE DOCUMENTS
EN COULEUR

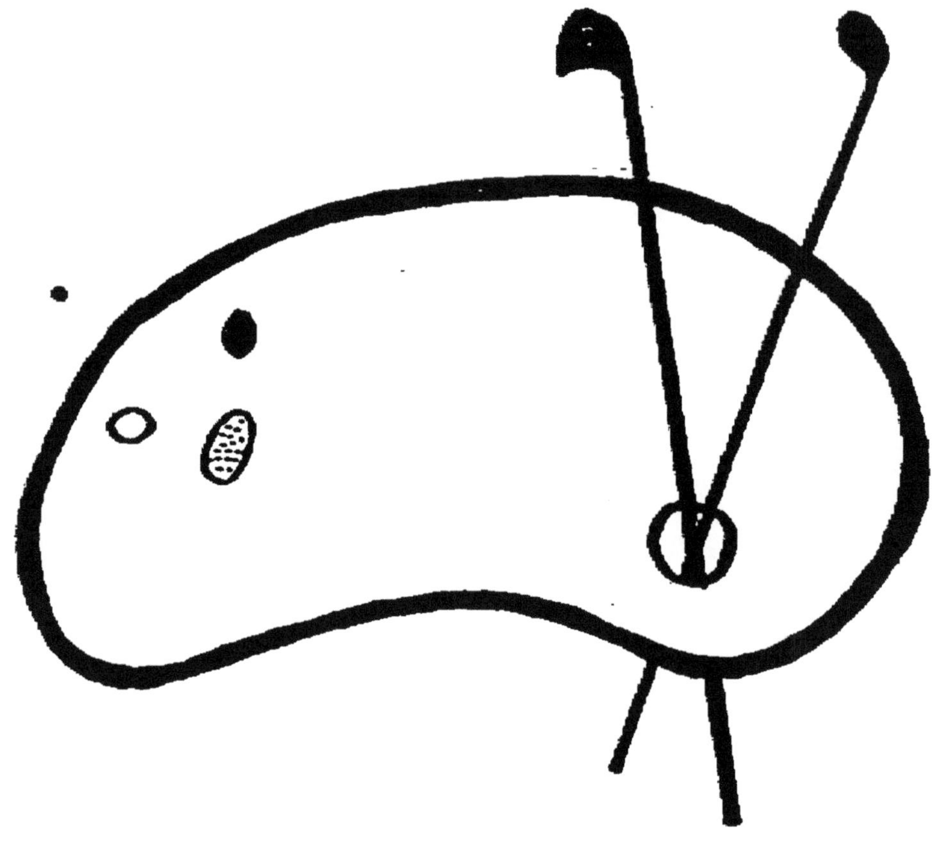

FIN D'UNE SERIE DE DOCUMENTS
EN COULEUR

www.ingramcontent.com/pod-product-compliance
Ingram Content Group UK Ltd.
Pitfield, Milton Keynes, MK11 3LW, UK
UKHW021058200726
13857UKWH00003B/992